机电专业"十三五"规划教材

传感器技术与应用

主　编　蒋万翔　张亮亮　金洪吉
副主编　张芝雨　张　婧
参　编　刘煜辉　徐振洲
主　审　杨富营　宁玉伟

U0222139

哈尔滨工程大学出版社
Harbin Engineering University Press

内容简介

本书主要介绍生产、科研、生活等领域中常用传感器的工作原理、性能指标、安装、调试等方面的知识。对检测技术的基本概念、误差计算、仪表的选型、标定、故障分析等也做了介绍。本书反映了近年来新技术和新器件在传感器与检测领域中的应用，有较多的应用案例。

本书可作为职业院校机电一体化、电气自动化、数控、 电子、信息、计算机、物流、楼宇、汽车、仪表、仪器、轻工等专业的教材或高级工培训资料，也可供生产、管理、运行人员及有关工程技术人员自学或参考。

图书在版编目（CIP）数据

传感器技术与应用 / 蒋万翔，张亮亮，金洪吉主编. —哈尔滨 ： 哈尔滨工程大学出版社，2018.12（2023.8 重印）
ISBN 978-7-5661-2167-7

I. ①传… II. ①蒋… ②张… ③金… III. ①传感器—教材 IV. ①TP212

中国版本图书馆 CIP 数据核字（2018）第 286006 号

选题策划　章银武
责任编辑　张　彦
封面设计　赵俊红

出版发行　哈尔滨工程大学出版社
社　　址　哈尔滨市南岗区南通大街 145 号
邮政编码　150001
发行电话　0451-82519328
传　　真　0451-82519699
经　　销　新华书店
印　　刷　玖龙（天津）印刷有限公司
开　　本　787 mm×1 092 mm　　1/16
印　　张　14.5
字　　数　366 千字
版　　次　2018 年 12 月第 1 版
印　　次　2023 年 8 月第 2 次印刷
定　　价　45.00 元
http：//www.hrbeupress.com
E-mail：heupress@hrbeu.edu.cn

前　言

　　《传感器技术与应用》一书由具有企业生产经验及有丰富的教学经验的教师联合编写。编写的目的是贯彻落实国务院《关于大力发展职业教育的决定》精神及"以学生为主体，以能力为本位，以就业为导向"的教学指导思想。

　　在本书的编写过程中，编者调研了多家企业对仪表、机电类岗位的要求，听取了多所院校教师的意见和建议，降低了教材的难度；删除了过时及不常用的传感器的内容；压缩了公式推导（给出简要结论）；增加了近年来出现的新型传感器和检测技术内容；突出了应用。在考虑取材深度和广度时，主要着眼于提高学生应用能力的培养，使学生学完本书后能获得作为生产第一线的技术、管理、维护和运行技术人员所必须掌握的传感器、检测技术等方面的基本知识和基本技能，以培养高素质技术技能人才。

　　本书的素材来源于最近几年国内外专利文献、国家或行业标准、科技论文、公司产品介绍等。在编写过程中，编者还先后深入几十家有关厂商和生产车间，了解并收集了较先进的产品技术资料、图片，甚至实地测绘了许多图纸。有相当部分应用电路和实例是作者近年来从事科研开发、教学改革的成果总结，均将其编入有关章节中。因此，本书具有较高的实践性和参考性。此外，本书还采用了众多实物照片，并加以文字标注，易于引起学生的学习兴趣。

　　本书着重介绍生产、科研、生活中常用传感器的工作原理、测量转换电路以及在检测技术领域的应用。全书以模块为框架，以项目为引领，以任务为驱动，共分为7个模块，每个模块包含2～3个项目，分别对传感器与检测技术的基本概念、重量、温度、压力、流量、液位、振动、光学量、小位移、数字式位置检测等的原理及应用进行了阐述。

　　本书采用"模块＋项目＋任务"的编写模式，本书共分7个模块，15个项目，理论结合实际，注重实际技能知识的讲述，特别注重贯彻最新技术标准规范和掌握现代传感器领域新技术，论述清晰准确，深入浅出。本书将每一个项目分解成2～4个典型的工作任务，均列出知识目标和技能目标，以工作任务为中心，由教师引领学生去完成具体任务，提高学生的职业技能和职业水平，力争做到学生易学，教师易教。

　　本书由许昌职业技术学院的蒋万翔（编写模块1、模块2—项目1）、张亮亮（编写模块3）和四川信息职业技术学院的金洪吉（编写模块7、模块2—项目2）担任主编，由许昌职业技术学院的张芝雨（编写模块4）和张婧（编写模块6）担任副主编。另外，许昌职业技术学院的刘煜辉（编写模块5—项目1），以及许昌中意电气科技有限公司的徐振洲（编写模块5—项目2）参与了本书的编写。本书由蒋万翔编写大纲并进行统稿；由许昌职业技术学院杨富营教授和宁玉伟教授担任主审，并对书稿进行了认真、负责和全面地审阅。同时，在本书编写过程中，还得到了许昌中意电气科技有限公司的王建民、张海涛、闫峰，浙江天煌科技的魏强等专家、工程技术人员的大力支持。本书相关资料和售后服务可扫封底的微信二维码或与登录 www.bjzzwh.com 下载获得。

本书可作为职业院校机电一体化、电气自动化、数控、电子、信息、计算机、物流、楼宇、汽车、仪表、仪器、轻工等专业的教材或高级工培训资料，也可供生产、管理、运行人员及有关工程技术人员自学或参考。

本书在编写过程中，难免有疏漏和不当之处，敬请各位专家及读者不吝赐教。

编 者

目　录

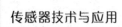

模块 1   初识传感器

知识点

- 了解传感器的地位与作用；
- 掌握传感器的概念、组成及特性；
- 理解测量及误差的基本概念；
- 掌握误差的计算并能根据误差的分析合理选择测量仪器。

技能点

- 能进行误差的计算及分析；
- 能根据误差选择精度合适的测量仪器、仪表。

模块学习目标

本模块主要学习传感器的概念、组成及特性；测量及误差的基本知识。通过本模块的学习，应明白传感器的现代测控系统中的地位、作用，知道传感器的定义，了解其发展趋势；掌握与测量有关的名词、测量的分类、误差的表示形式及根据测量精度要求如何来选择仪表；由于传感器是现代测控系统的感知元件，一般情况下，要通过接口电路实现传感器与控制电路的连接，所以接口电路也非常重要，尤其作为一名高职毕业生，应理解并熟练掌握接口电路的形式、原理及作用，在工作中，能根据现象判断故障的位置。

在学习本模块前，同学们应复习一下电路的基本理论、电子技术相关的知识，通过学习能制作一些简单的接口电路，以锻炼自己的动手和解决问题的能力。

项目1 走进传感器世界

 **项目目标**

知识目标 》》

- 知道什么是传感器；
- 了解传感器的作用；
- 了解传感器的地位。

技能目标 》》

- 掌握利用网络查找资料的能力；
- 学会利用已学知识对事物分析的能力。

素质目标 》》

- 团队合作完成任务的能力；
- 表达和交流的能力。

 **项目任务**

　　针对身边常见的家用电器及生产设备，通过对项目资讯的查阅或通过互联网的媒体平台查找相关的资料，并形成计划、决策、实施等文字材料，制作简单的PPT汇报演示文档，在课堂上就某一类家用电器或生产设备进行汇报讲解，举例说明日常生活和生产中存在哪些带有传感器的家用电器或生产设备，传感器在这些电器或设备运行中所起的作用。

 **项目安排**

步骤	教学内容及能力/知识目标	教师活动	学生活动	时间/分钟
1. 案例导入	以电饭煲自动控温为例引入传感器	教师通过多媒体演示任务运行	学生边听讲边思考	5
2. 分析任务	初识传感器	(1) 教师介绍此模块的内容；(2) 介绍学生在此项目中完成任务的基本情况	学生边听讲边思考	5
3. 任务实施	(1) 知道什么是传感器；(2) 传感器能干什么；(3) 传感器在现代社会的地位	教师利用多媒体进行讲授，举例说明传感器的使用行业、应用领域，传感器技术在自动检测及控制系统中的运用，对系统运行时各项功能的实现所起重要作用	(1) 学生边听讲边思考；(2) 学生通过对项目资讯的查阅或通过互联网的媒体平台查找相关的资料，填写相关内容	60
4. 任务检查与评估	通过随堂练习、提问等方式检查	解答疑问、指导学习	学生在教师指导下完成随堂练习	30
		结合学生完成的情况进行点评	学生展示答案，最终确定考核成绩	
拓展	(1) 结合本次所讲所做的内容，要求学生在课外做一些类似的题 (2) 学生在课后寻找身边应用传感器的例子			

 **项目资讯**

项目简介 >>>

　　在 21 世纪，传感器无处不在，仅一个小小的智能手机中就存在着距离传感器、照度传感器、加速度传感器、重力传感器、磁力传感器、气压传感器等多种传感器。

1.1.1 传感器的简单定义

传感器是将检测的非电量转换为电量的器件。传感器可以检测自然界中的电量和非电量，它在社会生活中发挥着不可替代的作用。传感器技术是自动控制技术的核心技术之一，是控制系统感知外界的窗口，是整个系统的第一个环节。

1.1.2 传感器的应用

传感器在很多工业领域、行业都有着重要的应用，而且现在有很多行业、企业正在开发利用传感器来实现自动化，传感器是一种检测装置，能感受到被测量的信息，并能将检测感受到的信息，按一定规律变换成为电信号或其他所需形式的信息输出，以满足信息的传输、处理、存储、显示、记录和控制等要求。传感器目前最重要的应用领域主要是涉及机械制造、医疗设备、汽车电子产业，通信技术等领域。

在机械制造方面，工业领域应用的传感器，如工艺控制、工业机械以及传统的；各种测量工艺变量如温度、液位、压力、流量等的；测量电子特性和物理量的，以及传统的接近/定位传感器发展迅速。

在医疗设备方面，专用设备主要包括医疗、环保、气象等领域应用的专业电子设备。目前医疗领域是传感器销售量巨大、利润可观的新兴市场。

在汽车电子产业方面，现代高级轿车的电子化控制系统水平的关键就在于采用压力传感器的数量和水平，目前一辆普通家用轿车上大约安装几十到近百只传感器，而要求传感器件向小型化、低成本和高可靠性方向发展。

在通信方面，手机产量的大幅增长及手机新功能的不断增加给传感器市场带来机遇与挑战，智能手机市场份额不断上升增加了传感器在该领域的应用比例，同时智能手机功能的不断拓展也提升了传感器的应用份额。此外，应用于集团电话和无绳电话的超声波传感器、用于磁存储介质的磁场传感器等都将出现强势增长。

以上几个方面是传感器应用最多的，传感器也主要销售在这些行业，但是随着传感器的发展，很多行业也在积极开发利用传感器，如鞋子上安装振动传感器统计步数，护腕上安装压力传感器感知脉搏等。同时随着新工艺、新材料、新技术的发展，很多新型的传感器在源源不断地被开发利用，拓展着传感器的应用范围和领域。

2017 年传感器应用领域分布如图 1-1 所示。

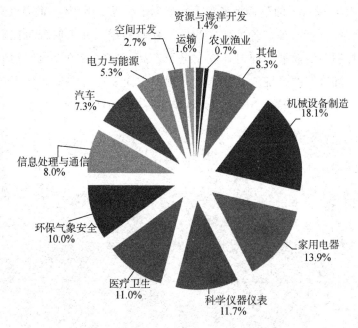

图 1-1　2017 年传感器应用领域分布

1. 传感器在手机中的应用

搜索资料，了解下列几个问题。

（1）极品飞车、天天跑酷等游戏中汽车、跑酷小孩为何会随着手的摆动改变方向？

（2）手机的摇一摇功能是如何实现的？

（3）手机的自动调光功能是如何实现的？

（4）为什么接电话时手机离开耳朵屏幕变亮，手机贴近耳朵屏幕变黑？

图 1-2 为手机中传感器的应用。

图 1-2　手机中传感器的应用

2. 传感器在汽车中的应用

汽车工业是国民经济发展的支柱产业之一。现代汽车正由一种纯粹的交通工具朝着能满足人类出行需求和安全、舒适、方便及无污染的方向发展。当前，汽车电子已成为汽车工业发展的核心技术，据预测，未来汽车电子产品的费用将占整车费用的

30%，并认为汽车上70%的革新将来源于汽车电子。近20年来，世界汽车电子产品的开发和应用已广泛用于汽车的各个独立的电子控制系统，并正向着可完成汽车各种功能的综合电子控制系统发展。同时，汽车电子产品也向完成单个汽车控制扩展到"汽车—人—公路—环境"的系统信息交流和控制的方向发展。在汽车电子产品中，传感器已成为关键的基础配套产品。图1-3为汽车中传感器的应用。

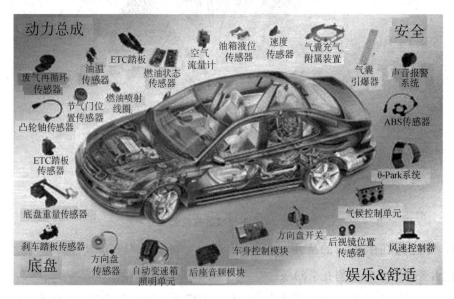

图1-3　汽车中传感器的应用

20世纪末期，为了实现可持续发展战略，发达国家对汽车工业提出新的要求，促进了传感器应用和技术的快速发展。传感器的研发和生产单位采用新材料、新加工技术开发与生产新一代的传感器及系统，满足汽车工业的需求。下面，仅以汽车发动机为例，了解传感器在汽车工业中的应用及重要性。

对于电喷发动机来说，主要的传感器包括曲轴位置传感器、凸轮轴位置传感器、进气压力传感器、温度传感器、进气流量传感器、水温传感器、氧浓度传感器、节气门位置传感器等。

空气流量传感器是将吸入的空气流量转换成电信号送至电控单元（ECU），作为决定燃油喷射量的基本信号之一。根据测量原理的不同，空气流量传感器可以分为旋转翼片式空气流量传感器、卡门涡流式空气流量传感器、热丝式空气流量传感器和热膜式空气流量传感器四种形式。前两者为体积流量型，后两者为质量流量型。目前主要采用热丝式空气流量传感器和热膜式空气流量传感器两种。

进气压力传感器可以根据发动机的负荷状态测出进气歧管内的绝对压力，并转换成电信号和转速信号一起送入电控单元（ECU），作为决定喷油器修正基本喷油量和点火正时角度的依据。进气压力传感器主要有压电式、半导体压敏电阻式、电容式、差动变压器式等。由于半导体压敏电阻式进气压力传感器具有测量精度高、响应快、体积小、安装灵活等优点，因而被广泛采用。

节气门位置传感器安装在节气门上，用来检测节气门的开度。它通过钢丝、杠杆等机构与节气门联动，进而反映发动机的不同工况。此传感器可把发动机的不同工况检测后输入电控单元（ECU），从而控制不同的喷油量。它有三种型式：开关触点式节气门位置传感器、电阻式节气门位置传感器、综合型节气门位置传感器。

曲轴位置传感器也称上止点传感器、曲轴转角传感器，是电控发动机点火系统中最重要的传感器，用于确定曲轴的位置，既曲轴的转角。它通常需要凸轮轴位置传感器的配合一起来工作，其作用是检测活塞的上止点信号、曲轴转角信号和发动机转速信号，并将其输入电控单元（ECU），并且配合凸轮轴传感器进行判缸，从而使电控单元（ECU）能按气缸的点火顺序发出最佳点火时刻指令。发动机是在压缩冲程结束时进行点火的，那么发动机 ECU 是怎么知道哪一个气缸该点火了呢？通过曲轴位置传感器，可以知道哪个气缸的活塞处于上止点同时通过凸轮轴位置传感器，可以知道哪个气缸的活塞处于压缩冲程中。这样，发动机 ECU 就知道该在什么时候给哪个气缸点火了。曲轴位置传感器常用的有三种形式：磁电式曲轴位置传感器、霍尔式曲轴位置传感器、光电式曲轴位置传感器。曲轴位置传感器形式不同，其控制方式和控制精度也不同，一般德系车多用霍尔式曲轴位置传感器，日系车多用光电式曲轴位置传感器。曲轴位置传感器一般安装于分电器内，有的安装在曲轴皮带轮或链轮侧面，也有部分安装于凸轮轴前端。

爆震传感器安装在发动机缸体的外缸壁上，随时监测发动机的爆震情况，通过电控单元（ECU）在产生爆震时调整点火提前角，使发动机工作于临界爆震状态，从而提高燃油效率。目前爆震传感器有磁致伸缩式爆震传感器和压电式共振型爆震传感器两大类，应用最多的是压电式共振型爆震传感器。

进气温度传感器安装在进气管或空气流量计内给电控单元（ECU）提供发动机的进气温度信号，由于燃油的黏稠度与温度有关，会影响燃油的喷射，因此进气温度转变来的电信号一般给电控制单元（ECU）作为燃油喷射量的修正补偿。

水温传感器主要作用是将冷却水的温度转换为电信号给电控单元（ECU），作为电控单元（ECU）控制燃油喷射量和修正点火提前角的重要信号，如果水温未达到一定温度，电控系统执行开环控制的，也就是不受氧浓度传感器信号控制；如果检测到温度较低时适当增加喷油量；低温时增大点火提前角，高温时，为防止爆燃，推迟点火提前角。

氧浓度传感器是电喷发动机控制系统中重要的反馈传感器，安装在发动机排气管上。氧浓度传感器主要是反馈空燃比信号给电控单元（ECU），以保障燃油的燃烧充分，提高燃油效率，控制汽车尾气排放，降低废气中有害气体的排放。氧浓度传感器主要有二氧化锆型氧浓度传感器和二氧化钛型氧浓度传感器两种。

传感器技术与应用

项目工单

模块 1	初识传感器		
项目 1	走进传感器世界	学时	2
组长	小组成员		
小组分工			

一、项目描述

就某种家用电器或生产设备，说明有什么传感器？传感器在这些电器或设备运行中所起的作用有哪些？

二、项目计划

1. 确定本工作任务需要使用的工具和辅助设备，填写下表。

项目名称			
各工作流程	使用的器件、工具	辅助设备	备注

2. 讨论确定某一种日常生活和生产中带有传感器的家用电器或生产设备。通过阅读资料或互联网搜索明确传感器在这些电器或设备运行中所起的作用，进行汇报讲解。

3. 制作任务实施情况检查单，包括小组各成员的任务分工、任务准备、任务完成、任务检查情况的记录，以及任务执行过程中出现的问题及应急情况的处理等。

三、项目决策

1. 分小组讨论，分析阐述各自制订的设计制作计划，确定实施方案；

2. 老师指导确定最终方案；

3. 每组选派一位成员阐述方案。

（续表）

模块1	初识传感器

四、项目实施

1. 什么是传感器？它在我们的生产和生活中的存在情况。

2. 就某种家用电器或生产设备，说明有哪些传感器？传感器在这些电器或生产设备运行中所起的作用有哪些？

3. 发挥自己的想象力，谈谈你对未来社会传感器地位的感想。

4. 填写任务执行情况检查单。

五、项目检查

1. 学生填写检查单；

2. 教师填写评价表；

3. 学生提交实训心得。

六、项目评价

1. 小组讨论，自我评述完成情况及发生的问题，小组共同给出提升方案和效率的建议；

2. 小组准备汇报材料，每组选派一人进行汇报；

3. 老师对方案评价说明。

学生自我总结：

指导老师评语：

项目完成人签字：　　　　　　　日期：　　　年　　月　　日

指导老师签字：　　　　　　　　日期：　　　年　　月　　日

小组成员考核表（学生互评）

专业：	班级：	组号：
课程：传感器与检测技术	项目：	组长：

小组成员编号

1：	2：	3：	4：

考核标准

类别	考核项目	成员评分			
		1	2	3	4
学习能力	学习目标明确				
	有探索和创新意识、学习新技术的能力				
	利用各种资源收集并整理信息的能力				
方法能力	掌握所学习的相关知识点				
	能做好课前预习和课后复习				
	能熟练运用各种工具或操作方法				
	能熟练完成项目任务				
社会能力	学习态度积极，遵守课堂纪律				
	能与他人良好沟通，互助协作				
	具有良好的职业素养和习惯				
累计（满分100）					
小组考核成绩（作为个人考核系数）					
总评（满分100）					

注：①本表用于学习小组组长对本组成员进行评分。

②每项评分从1～10分，每人总评累计为100分。

③每个成员的任务总评＝成员评分×（小组考核成绩/100）。

 **项目拓展**

传感器的发展趋势简介

科学技术的发展使人们对传感器技术越来越重视，认识到它是影响人们生活水平的重要因素之一。随着世界各国现代化步伐的加快，对检测技术的要求也越来越高，因此对传感器的开发成为目前最热门的研究课题之一。而科学技术，尤其是大规模集成电路技术、微型计算机技术、机电一体化技术、微机械和新材料技术的不断进步，则大大促进了现代检测技术的发展。近年来，传感器正处于传统型向新型传感器转型的发展阶段，新型传感器的特点是微型化、数字化、智能化、多功能化、系统化、网络化，它不仅可促进系统产业的改造，而且可导致建立新型工业和军事变革，是 21 世纪新的经济增长点。

传感器技术发展趋势可以从以下几方面来看。一是开发新材料、新工艺和开发新型传感器；二是实现传感器的多功能、高精度、集成化和智能化；三是通过传感器与其他学科的交叉整合，实现无线网络化。

1. 开发新型传感器

传感器的工作机理是基于各种物理（化学或生物）效应和定律，由此启发人们进一步探索具有新效应的敏感功能材料，并以此研制具有新原理的新型传感器，这是发展高性能、多功能、低成本和小型化传感器的重要途径。

2. 开发新材料

传感器材料是传感器技术的重要基础，随着传感器技术的发展，除了早期使用的材料，如半导体材料、陶瓷材料以外，光导纤维、纳米材料超导材料等相继问世，人工智能材料更是把我们带入了一个新的天地，它同时具有三个特征：感知环境条件的变化（传统传感器）的功能，识别、判断（处理器）功能，发出指令和自采取行动（执引器）功能。随着研究的不断深入，未来将会有更多更新的传感器材料被开发出来。

3. 多功能集成化传感器的开发

传感器集成化包含两种含义：一种含义是同一功能的多元件并列，目前发展很快的自扫描光电二极管列阵、CCD 图像传感器就属此类，另一种含义是功能一体化，即将传感器与放大、运算以及温度补偿等环节一体化，组装成一个器件，例如把压敏电阻、电桥、电压放大器和温度补偿电路集成在一起的单块式压力传感器。

多功能是指一器多能，即一个传感器可以检测两个或两个以上的参数，如最近国内已经研制的硅压阻式复合传感器，可以同时测量温度和压力等。

4. 智能传感器的开发

智能传感器是将传感器与计算机集成在一块芯片上的装置，它将敏感技术信息处理技术相结合，除了感知的本能外，还具有认知能力。例如，将多个具有不同特性的气敏元件集成在一个芯片上，利用图像识别技术处理，可得到不同灵敏模式，然后计算这些模式所获取的数据，与被测气体的模式类比推理或模糊推理，可识别出气体的种类和各自的浓度。

5. 多学科交叉融合

无线传感器网络是由大量无处不在的，有无线通信与计算能力的微小传感器节点构成的自组织分布式网络系统，是能根据环境自主完成指定任务的"智能"系统。它是涉及微传感器与微机械、通信、自动控制、人工智能等多学科的综合技术，其应用已由军事领域扩展到反恐、防爆、环境监测、医疗保健、家居、商业、工业等众多领域，有着广泛的应用前景，因此1999年和2003年美国商业周刊和MIT技术评论Technology Review在预测未来技术发展的报告中，分别将其列为21世纪最具影响的21项技术和改变世界的10大新技术之一。

6. 加工技术微精细化

随着传感器产品质量档次的提升，加工技术的微精细化在传感器的生产中占有越来越重要的地位。微机械加工技术是近年来随着集成电路工艺发展起来的，它是离子束、电子束、激光束和化学刻蚀等用于微电子加工的技术。目前已越来越多地用于传感器制造工艺。例如，溅射、蒸镀等离子体刻蚀、化学气相淀积（CVD）、外延生长、扩散、腐蚀、光刻等。另外一个发展趋势是越来越多的生产厂家将传感器作为一种工艺品来精雕细琢，无论是每一根导线，还是导线防水接头的出孔，无论是每一个角落，还是每一个细节，传感器的制作都达到了工艺品水平。例如，日本久保田公司的柱式传感器外加一个黑色的防尘罩，这是由于柱式传感器的底座一般易进沙尘及其他物质，而底座一旦进了沙尘或其他物质后，对传感器来回摇摆产生了影响，而外加防尘罩后，显然克服了上述弊端。这个附件的设计不仅充分考虑了用户使用现场环境要求，而且制作工艺、外观非常考究。

传感器微型化是建立在MEMS技术基础上的，而MEMS的发展，将出现微传感器以外的微驱动器、微控制器、微能源等部件，集成的智能微系统，具有感知、处理、决策和控制能力，可用于常规系统难于或无法工作的环境，所以美国把航空航天、通信和MEMS并列为三大科研重点项目。MEMS加工技术具体包括体微机械加工技术、表面微机械加工技术、LIGA技术（X光深层光刻、微电铸和微复制技术）、激光微加工技术和微型封装技术等。英国、法国、荷兰、瑞典、瑞士等国也于20世纪90年代相继开展了微传感器的研究。MEMS传感器配套的集成电路芯片，如"通用电容读出（VCR）芯片"可以测量小到0.4 pF的电容变化，此外如下技术也得到了发展：微系统材料技术、微系统的单元和集成技术、微系统的设计技术、微系统的测试计量和评价技术。从世界范围来看，2000年以前主要侧重于基础理论和基础工艺研究，而在21世纪将致力于集成化微系统的研究和产业化，全球MEMS形成了产业化规模。

网络链接 》》》

http：//www.sensor.com.cn/（中华传感器）

http：//www.sensorworld.com.cn/（传感器世界）

http：//www.osta.org.cn/（国家职业资格工作网）

项目2 认识传感器

 项目目标

知识目标 〉〉

- 理解传感器的定义；
- 理解传感器的组成，并了解各部分的作用；
- 了解传感器的静态特性；
- 理解灵敏度、线性度的含义。

技能目标 〉〉

- 掌握分析传感器构成的能力；
- 学会计算传感器的灵敏度；
- 具有判别传感器线性度的能力。

素质目标 〉〉

- 团队合作完成任务的能力；
- 表达和交流能力。

 项目任务

（1）通过对国家标准中传感器定义的学习，与前一项目中传感器定义比较，更加深刻、准确地理解什么是传感器，并明确在工程领域中传感器的含义；

（2）通过案例理解传感器的组成，并了解各部分的作用；

（3）了解描述传感器静态特性的主要参数，包括线性度、灵敏度、迟滞误差、重复性误差、分辨力、稳定性、漂移和可靠性等的含义；理解线性度的意义；能计算传感器的灵敏度。

 **项目安排**

步骤	教学内容及能力/知识目标	教师活动	学生活动	时间/分钟
1. 案例导入	以人体对外界刺激的反应过程与传感器对比导入	教师通过多媒体演示任务运行	学生边听讲边思考	5
2. 分析任务	传感器的基础知识	教师介绍此模块的内容	学生边听讲边思考	5
3. 任务实施	（1）什么是传感器；（2）传感器的特性	教师利用多媒体进行讲授	学生边听讲边思考	40
4. 任务检查与评估	通过随堂练习、提问等方式检查	解答疑问、指导学习	学生在教师指导下完成随堂练习	40
		结合学生完成的情况进行点评	学生展示答案，最终确定考核成绩	
作业	（1）结合本次所讲所做的内容，要求学生在课外做一些类似的题；（2）学生在课后寻找身边应用传感器的例子			
课后体会	本次课概念较多，应有重点，同时以相关案例对灵敏度、线性度这两个概念进行说明，要求学生熟练掌握这两个重要特性参数的含义			

 **项目资讯**

项目简介 》》》

在 21 世纪，传感器的应用已经深入各个领域，那么在不同的场合，对某个物理量进行检测的时候，如何来选取合适的传感器呢？对传感器的定义、组成的理解，尤其是体现传感器特性的各个参数，对传感器的选用有着极为重要的意义。

知识储备 》》》

1.2.1 传感器的定义

国家标准 GB 7665－87 中对传感器的定义是："能感受规定的被测量并按照一定的

规律转换成可用信号的器件或装置，通常由敏感元件和转换元件组成"。传感器是一种能感受到被测量的信息，并按一定的精度把被测量转换为与之有确定关系的、便于应用的某种物理量的测量元件或装置，以便满足系统信息的传输、存储、显示、记录及控制等要求。它是实现自动检测和自动控制的首要环节。传感器的输出信号多为易于处理的电量，如电压、电流、频率等。传感器的定义包含了以下几方面的含义。

（1）传感器是一种测量装置，能完成检测任务。

（2）传感器的输入量是某一被测量，可能是物理量，也可能是化学量、生物量等。

（3）传感器的输出量是某种物理量，这种量可以是气量、光量、电量，但主要是电量。

（4）传感器的输出、输入有确定的对应关系，且应有一定的精确度。

1.2.2 传感器的构成

传感器一般是利用物理、化学和生物等的效应或机理，并按照一定的工艺和结构制作出来的。所以，传感器的组成部分有较大差异。但是通常可以认为，传感器一般由敏感元件、转换元件和测量转换电路三部分组成，其构成框图如图 1-4 所示。

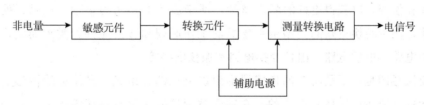

图 1-4 传感器构成框图

1. 敏感元件

敏感元件是指传感器中能直接感受被测量的变化，并输出与被测量有确定对应关系的另外一个更加易于转换的非电量的元件。敏感元件是传感器的核心，也是研究、设计和制作传感器的关键。常见的弹性敏感元件有弹簧管和膜盒。图 1-5 为一种气体压力传感器的示意图，膜盒 2 的下半部与壳体 1 固定连接，上半部通过连杆与磁芯 4 相连，磁芯 4 置于两个电感线圈 3 中，电感线圈 3 接入转换电路 5。这里的膜盒 2 就是敏感元件，其外部与大气压力相通，内部感受被测压力 P。当 P 变化时，引起膜盒 2 上半部移动，即输出相应的位移量。通过膜盒，将压力这种非电量转换为另外一个非电量——线位移。

2. 转换元件

敏感元件的输出就是转换元件的输入，转换元件把敏感元件转换而来的非电量转换成电参量输出。在图 1-5 中，电感线圈 3 就是转换元件，它把输入的位移量转换成电感的变化。

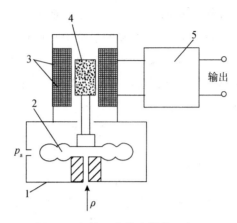

图 1-5　气体压力传感器的示意图

1—壳体；2—膜盒；3—电感线圈；4—磁芯；5—转换电路

3. 测量转换电路

测量转换电路的作用是将转换元件输出的电参量进行转换和处理，如放大、滤波、线性化和补偿等，以获得更好的品质特性，便于后续电路实现显示、记录、处理及控制等功能。测量转换电路的类型由传感器的工作原理和转换元件的类型而定，一般有串联分压电路、电桥电路、阻抗变换电路和振荡电路等。

需要注意的是，不是所有的传感器都由以上三部分组成。最简单的传感器是由一个敏感元件（兼转换元件）组成的，它感受被测量的变化时直接输出电量，如压电传感器、热电偶传感器。有些传感器由敏感元件和转换元件组成，而没有测量转换电路，如压电式加速度传感器，其中质量块是敏感元件，压电片（块）是转换元件。有些传感器的转换元件不只一个，要经过若干次转换。一般情况下，测量转换电路的后续电路，如信号放大、处理、显示等电路就不应包括在传感器的组成范围之内。

1.2.3　传感器的分类

传感器技术是一门知识密集型技术，其原理各种各样，种类繁多，分类方法也很多。

1. 按被测量分

传感器按被测量可分为加速度传感器、速度传感器、位移传感器、压力传感器、负荷传感器、扭矩传感器和温度传感器等。这种分类方法对于用户来说是一目了然的。但是，这种分类方法的弊病是传感器的名目繁多，把原理互不相同的同一用途的传感器归为一类，这就很难找出各种传感器在转换原理上的共性与差异，不利于掌握传感器的原理与性能的分析方法。

2. 按工作原理分

传感器按工作原理可分为电阻应变式传感器、电容式传感器、电感式传感器、压电式传感器、霍尔式传感器、光电式传感器和热敏式传感器等。这种分类方法的优点是划分类别较少，有利于对传感器的工作原理与设计进行归纳性地分析研究，使设计与应用更具有合理性与灵活性，缺点是对传感器不够了解的用户会感到使用不便。

3. 按能量的传递方式分

传感器按能量的传递方式可分为有源传感器和无源传感器。

（1）有源传感器

有源传感器可视为一台微型发电机，能将非电量转换为电量，它所配用的测量转换电路通常是信号放大器。所以有源传感器是一种能量变换器，如压电式传感器、热电式传感器（热电偶）、电磁式传感器和电动式传感器等。在有源传感器中，有些传感器的能量转换是可逆的；有些传感器的能量转换是不可逆的。有些有源传感器通常附有力学系统，只能用在接触式的测量中，如压电式加速度传感器；有些有源传感器不具有直流响应能力，只能用于动态测量中，如温度传感器中的热电偶，它是利用两种不同金属的温差所产生的电动势进行测量的。

（2）无源传感器

无源传感器不进行能量的转换，被测非电量仅对传感器中的能量起着控制或调节的作用，所以它必须具有辅助能源（电源），如电阻传感器、电容传感器和电感式传感器等，遥感技术中的微波传感器和激光传感器等也可以归结为此类。无源传感器本身并不是一个信号源，因此，它所配用的测量转换电路与有源传感器不同，通常是电桥电路或谐振电路。由于无源传感器具有直流响应能力，一般不配力学系统，因而适用于静态测量和动态测量，有时还可以用在非接触的测量场合。

4. 按输出信号的性质分

传感器按输出信号的性质可分为模拟传感器与数字传感器。模拟传感器要通过A/D转换器才能用计算机进行信号分析、加工与处理。数字传感器则可直接送到计算机进行处理。

1.2.4 传感器的特性

在生产过程和科学实验中，传感器要对各种各样的参数进行检测和控制，这就要求传感器能感受被测非电量的变化并将其不失真地变换成相应的电参量，这取决于传感器的基本特性，即输入-输出特性。如果把传感器看作两端口网络，即有两个输入端和两个输出端，那么传感器的输入-输出特性是与其内部结构参数有关的外部特性。传感器的基本特性可用静态特性和动态特性来描述。

传感器的静态特性是指当被测量的值处于稳定状态时输入量与输出量的关系。静态特性和动态特性的区别主要在于传感器的输入量是否随时间变化。只有传感器处于稳定状态时，输入量与输出量之间的关系式中才不含有时间变量。衡量静态特性的主要指标包括线性度、灵敏度、迟滞误差、重复性误差、分辨力、稳定性、漂移和可靠性等。

1. 线性度

线性度是指传感器输入量与输出量之间的静态特性曲线偏离理想直线的程度，又称为非线性误差。线性度是用来反映其输出的变化量是否随输入量的变化而均匀变化的参量。对于指针式仪表，线性度就直观地反映了其表盘的刻度分划是否是均匀的。通常希望传感器是理想线性的，传感器的输出与输入成正比关系，这样后续的显示仪表的刻度均匀，在整个测量范围内具有同样的灵敏度，从而使读数方便，测量误差小。静态特性曲线可通过实际测试获得，在实际使用中，大多数传感器的静态特性曲线是非线性的，为了得到线性关系，常引入各种非线性补偿环节，如采用非线性补偿电路或计算机软件进行线性化处理等。但如果传感器非线性的阶数不高，输入量变化范围较小，则可用一条直线（切线或割线）近似地代表实际曲线的一段，这条直线称为拟合直线，如图 1-6 所示。静态特性曲线与拟合直线之间的偏差称为传感器的非线性误差（或线性度），通常用相对误差 γ_L 表示，即

$$\gamma_L = \pm \frac{\Delta L_{\max}}{Y_{FS}} \times 100\% \tag{1-1}$$

式中，$\Delta L_{\max}$ 为最大非线性绝对误差；Y_{FS} 为满量程输出值，即输出的最大值与最小值的差值。

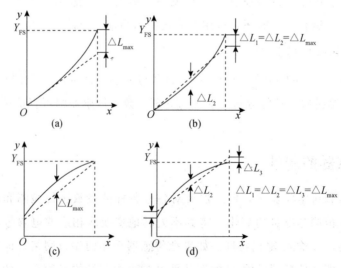

图 1-6 几种拟合直线

如图 1-6 所示，即使是同类传感器，拟合直线不同，其线性度也是不同的。选取拟合直线的方法很多，常用的有理论直线法、端点法、割线法、切线法、最小二乘法、端基法和计算机程序法等。其中，最常用的是端基拟合直线，它是将特性曲线的输出起始点与满量程输出点连接起来得到的；而用最小二乘法、端基法求取拟合直线的拟合精度最高。

2. 灵敏度

灵敏度是指传感器输出量的增量与引起输出量增量的输入量的增量的比值，通常用 k 表示，即

$$k = \frac{\Delta y}{\Delta x} \tag{1-2}$$

式中，Δy 为输出量的增量；Δx 为引起输出量增量的输入量的增量。

传感器的灵敏度反映的是传感器对输入变化量反应的大小，当输入变化量相同时，传感器的输出变化量越大，那么它对输入变化量的反应就越大，灵敏度就越高。由于传感器测量的量或变化量通常较小，因此我们希望它在同等情况下有较大的输出，也就是说，我们通常希望传感器有较高的灵敏度。

判断传感器的灵敏度最直观的方法是利用图像，传感器的输入-输出特性曲线中的斜率可以直观地反映其灵敏度的大小。线性传感器输入-输出特性曲线的斜率是不变的，灵敏度就是一个常数，与输入量的大小无关；而非线性传感器的灵敏度是一个随工作点的变化而变化的变量，曲线越陡，灵敏度越高，如图 1-7 所示。一般希望传感器具有较高的灵敏度，且在满量程的范围内是恒定不变的，这样就可保证在传感器输入量相同的情况下，输出信号尽可能大，而且是线性的，从而有利于对被测量的转换和处理。

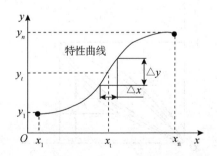

图 1-7　非线性传感器的输入-输出特性曲线

输出灵敏度是指传感器在额定载荷作用下，测量电桥供电电压为 1 V 时的输出电压。有时用输出灵敏度这个性能指标来表示某些传感器的灵敏度，如应变片式压力传感器。

3. 迟滞误差

迟滞误差是指传感器在输入量由小到大（正行程）及输入量由大到小（反行程）

变化期间其输入-输出特性曲线不重合的程度，如图 1-8 所示。也就是说，对于同一大小的输入量，传感器正反行程的输出量的大小是不相等的。产生这种现象的主要原因是传感器中敏感元件材料的物理性质和机械零部件有缺陷。

迟滞误差可用对应同一输入量的正反行程输出值间的最大差值与满量程输出值的百分比来表征，通常用 γ_H 表示，即

$$Y_H = \pm \frac{\Delta H_{max}}{Y_{FS}} \times 100\% \tag{1-3}$$

式中，ΔH_{max} 为正反行程输出值间的最大差值。

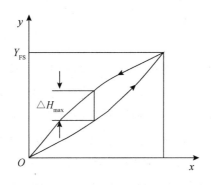

图 1-8　传感器的迟滞误差

4. 重复性误差

重复性误差是指传感器在输入量按同一方向做全量程多次测试时，所得输入-输出特性曲线不一致的程度，如图 1-9 所示。多次按相同输入条件测试的输出特性曲线越重合，其重复性越好，误差越小。

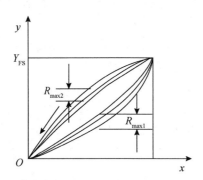

图 1-9　传感器的重复性误差

重复性误差是指各测量值正反行程标准偏差的两倍或三倍与满量程输出值的百分比，通常用 γ_R 表示，即

$$\gamma_R = \pm \frac{(2 \sim 3)\sigma}{Y_{FS}} \times 100\% \tag{1-4}$$

式中，σ 为正反行程标准偏差。

此外，重复性误差也可用正反行程中的最大偏差 $\Delta R_{\max}$ 表示，即

$$\gamma_R = \pm \frac{1}{2} \frac{\Delta R_{\max}}{Y_{FS}} \times 100\% \tag{1-5}$$

式中，$\Delta R_{\max}$ 为正反行程中的最大偏差，即 $\Delta R_{\max 1}$ 和 $\Delta R_{\max 2}$ 中的较大者。

5. 分辨力

分辨力是指传感器能检测到输入量最小变化量的能力。对于某些传感器，如电位器式传感器，当输入量连续变化时，输出量只做阶梯变化，则分辨力就是输出量的每个阶梯所代表的输入量的大小。对于数字式仪表，分辨力就是仪表指示值的最后一位数字所代表的值。当被测量的变化量小于分辨力时，数字式仪表的最后一位数不变，仍指示原值。当分辨力以满量程输出的百分数表示时，则称为分辨率。

6. 稳定性

稳定性是指传感器在一个较长的时间内保持其性能参数的能力。理想的情况下是指不论什么时候，传感器的特性参数都不随时间变化。但实际上，随着时间的推移，大多数传感器的特性会发生改变，这是因为敏感元件或构成传感器的部件，其特性会随时间发生变化，从而影响了传感器的稳定性。

稳定性一般以室温条件下经过一规定时间间隔后，传感器的输出与起始标定时的输出之间的差异来表示，这种差异称为稳定性误差。稳定性误差可用相对误差表示，也可用绝对误差表示。

7. 漂移

漂移是指在外界的干扰下，在一定时间间隔内，传感器输出量发生与输入量无关、不需要的变化。它包括零点漂移和灵敏度漂移，如图 1-10 所示。零点漂移或灵敏度漂移又可分为时间漂移和温度漂移。时间漂移是指在规定的条件下，零点漂移或灵敏度漂移随时间的缓慢变化。温度漂移是指当环境温度变化时，引起的零点漂移或灵敏度漂移。

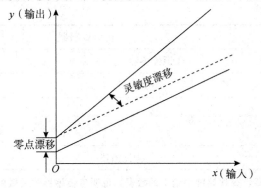

图 1-10　传感器的漂移

传感器的漂移有时会导致整个测量系统或控制系统处于瘫痪，一般可通过串联或并联可变电阻来消除。此外，漂移量的大小也是衡量传感器稳定性的重要性能指标。

8. 可靠性

可靠性是指产品在规定的条件下和规定的时间内，完成规定功能的能力。可靠性技术是研究如何评价、分析和提高产品可靠性的一门综合性边缘科学。产品的可靠性是一个与许多因素有关的综合性质量指标，主要特点如下。

（1）时间性。产品的可靠性是指产品在使用过程中，主要性能指标的保持能力，保持的时间越长，产品的使用寿命越长，所以产品的可靠性是时间的函数。

（2）统计性。产品的可靠性指标与产品的技术性指标之间有一个重要区别，即产品的可靠性指标是通过产品的抽样实验，利用统计理论估计整批产品的可靠性；而产品的技术性指标可以利用仪器仪表直接测量得到，如线性度、灵敏度、迟滞误差和重复误差等。

（3）可比性。产品的可靠性指标具有可比性，如产品的工作条件、环境不同可靠性就有很大的差异；规定的使用时间不同，可靠性也不同；产品的功能判断不同，将得到不同的可靠性评定结果。

（4）典型指标。传感器或检测系统一旦出现故障，就会导致整个自动化系统瘫痪，有时会造成严重的生产事故，所以必须十分重视传感器的可靠性。衡量其可靠性的指标如下。

①平均无故障时间。平均无故障时间是指传感器或检测系统在正常的工作条件下，连续不间断地工作，直到发生故障，而丧失正常工作能力所用的时间。

②平均修复时间。平均修复时间是指排除故障所花费的时间。

③故障率。故障率也称为失效率，它是平均无故障时间的倒数。

 **项目工单**

模块 1	初识传感器		
项目 2	认识传感器	学时	2
组长	小组成员		
小组分工			
一、项目描述			
1. 根据给出的某种传感器，查找铭牌中给出的数据，说明该传感器的灵敏度的含义。			
2. 根据给出的数据，判别传感器线性度的好坏，说明线性度对传感器的意义。			

（续表）

模块1	初识传感器

二、项目计划

1. 确定本工作任务需要使用的工具和辅助设备，填写下表。

项目名称			
各工作流程	使用的器件、工具	辅助设备	备注

2. 根据给出的某种传感器，查找铭牌中给出的数据，说明该传感器的灵敏度的含义。

3. 根据给出的数据，判别传感器线性度的好坏，说明线性度对传感器的意义。

4. 制作任务实施情况检查单，包括小组各成员的任务分工、任务准备、任务完成、任务检查情况的记录，以及任务执行过程中出现的问题及应急情况的处理等。

三、项目决策

1. 分小组讨论，分析阐述各自制订的设计制作计划，确定实施方案；

2. 老师指导确定最终方案；

3. 每组选派一位成员阐述方案。

四、项目实施

1. 什么是传感器？我们现阶段接触到两个传感器定义之间的联系与区别。工程实践中传感器定义是哪一个？为什么？

2. 根据给出的某种传感器，查找铭牌中给出的数据，说明该传感器的灵敏度的含义。

（续表）

模块 1	初识传感器

3. 根据给出的数据，判别传感器线性度的好坏，说明线性度对传感器的意义。

4. 填写任务执行情况检查单。

五、项目检查

1. 学生填写检查单

2. 教师填写评价表

3. 学生提交实训心得

六、项目评价

1. 小组讨论，自我评述完成情况及发生的问题，小组共同给出提升方案和效率的建议；

2. 小组准备汇报材料，每组选派一人进行汇报；

3. 老师对方案评价说明。

学生自我总结：

指导老师评语：

项目完成人签字：　　　　　　　　　　　　　日期：　　　年　　月　　日

指导老师签字：　　　　　　　　　　　　　　日期：　　　年　　月　　日

小组成员考核表（学生互评）

专业：	班级：	组号：
课程：传感器与检测技术	项目：	组长：

小组成员编号

1:	2:	3:	4:

考核标准

类别	考核项目	成员评分			
		1	2	3	4
学习能力	学习目标明确				
	有探索和创新意识、学习新技术的能力				
	利用各种资源收集并整理信息的能力				
方法能力	掌握所学习的相关知识点				
	能做好课前预习和课后复习				
	能熟练运用各种工具或操作方法				
	能熟练完成项目任务				
社会能力	学习态度积极，遵守课堂纪律				
	能与他人良好沟通，互助协作				
	具有良好的职业素养和习惯				
累计（满分100）					
小组考核成绩（作为个人考核系数）					
总评（满分100）					

注：①本表用于学习小组组长对本组成员进行评分。

②每项评分从1～10分，每人总评累计为100分。

③每个成员的任务总评＝成员评分×（小组考核成绩/100）。

 项目拓展

传感器的动态特性及检测系统

1. 动态特性

大多数情况下传感器的输入信号是一个随时间变化的动态信号，这就要求传感器能时刻精确地跟踪输入信号，按照输入信号的变化规律来输出信号。当传感器输入信号的变化缓慢时，很容易被跟踪，但随着传感器输入信号的变化加快，其跟踪性能就会逐渐下降。输入信号变化时，引起输出信号也随时间变化，这个过程称为响应。传感器的动态特性就是其对于随时间变化的输入信号的响应特性，通常要求传感器不仅能精确地显示被测量的大小，还能显示被测量随时间变化的规律，这也是传感器的重要特性之一。

影响传感器的动态特性主要是传感器的固有因素，如温度传感器的热惯性等。不

同的传感器，其固有因素的表现形式和作用程度不同。另外，传感器的动态特性还与传感器输入量的变化形式有关，也就是说，在研究传感器的动态特性时，通常是根据不同的输入变化规律来考察传感器的动态特征。由于激励传感器信号的时间函数是多种多样的，在时域内研究传感器的响应特性与分析自动控制系统一样，只能通过几种特殊的输入时间函数来研究其响应特性。在时域内通常利用正弦函数研究传感器的频率响应特性。为了便于比较、评价或动态定标，最常用的输入信号为阶跃信号和正弦信号，与其对应的方法分别为阶跃响应法和频率响应法。

（1）阶跃响应法

研究传感器的动态特性时，在时域中对传感器的响应和过渡过程进行分析的方法称为时域分析法，这时传感器对所加激励信号的响应称为阶跃响应。常用的激励信号有阶跃函数、斜坡函数和脉冲函数等。下面以最典型、最简单、最易实现的阶跃信号作为标准输入信号来分析评价传感器的动态性能指标。

当给静止的传感器输入一个单位阶跃函数信号 $y(t) = \begin{cases} 0 & (t \leqslant 0) \\ 1 & (t > 0) \end{cases}$ 时，其输出特性为阶跃响应特性（或瞬态响应特性）。阶跃响应特性曲线如图 1-11 所示。

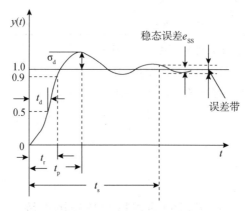

图 1-11　阶跃响应特性曲线

衡量传感器阶跃响应特性的几项指标如下。

①最大超调量。最大超调量 σ_p 就是阶跃响应特性曲线偏离稳态值的最大值，常用百分数表示。

②延滞时间。延滞时间 t_d 是指阶跃响应特性曲线达到稳态值的 50% 所需的时间。

③上升时间。上升时间 t_r 是指阶跃响应特性曲线从稳态值的 10% 上升到 90% 所需的时间。常用它来描述无振荡的传感器。

④峰值时间。峰值时间 t_p 是指阶跃响应特性曲线从零到第一个峰值时所需的时间。

⑤响应时间。响应时间 t_s 是指从阶跃函数信号输入开始到其输出值进入稳态值所规定的范围内所需要的时间。

（2）频率响应法

频率响应法是指从传感器的频率特性出发研究传感器的动态特性。传感器对正弦输入信号的响应特性称为频率响应特性。对传感器动态特性的理论研究，通常是先建立传感器的数学模型，通过拉氏变换求出传递函数的表达式，再根据输入条件得到相应的频率特性。大部分传感器可简化为单自由度一阶系统或单自由度二阶系统，即

$$H(\mathrm{j}\omega) = \frac{1}{\tau(\mathrm{j}\omega)+1} \tag{1-12}$$

式中，τ 为时间函数。

$$H(\mathrm{j}\omega) = \frac{1}{1-\left(\dfrac{\omega}{\omega_\mathrm{n}}\right)^2 + 2\mathrm{j}\zeta\dfrac{\omega}{\omega_\mathrm{n}}} \tag{1-13}$$

式中，ω_n 为传感器的固有频率。

衡量传感器频率响应特性的几项指标如下。

①频带。传感器的增益保持在一定频率范围内，这一频率范围称为传感器的频带或通频带，对应有上截止频率和下截止频率。

②时间常数。可用时间常数 τ 来表征传感器单自由度一阶系统的动态特性。时间常数 τ 越小，频带越宽。

③固有频率。传感器单自由度二阶系统的固有频率 ω_n 可用来表征其动态特性。

对于传感器单自由度一阶系统，减小时间常数 τ 可改善传感器的频率特性。对于传感器单自由度二阶系统，为了减小动态误差和扩大频率响应范围，一般需要提高传感器的固有频率 ω_n，而固有频率 ω_n 与传感器运动部件的质量 m 和弹性敏感元件的刚度 C 有关，即

$$\omega_\mathrm{n} = \sqrt{\frac{C}{m}} \tag{1-14}$$

由式（1-14）可知，增大弹性敏感元件的刚度 C 和减小传感器运动部件的质量 m 可提高固有频率 ω_n，但弹性敏感元件的刚度 C 增加，会使传感器灵敏度降低，所以在实际应用中，应综合各种因素来确定传感器的各个特征参数。

2. 检测系统的组成

检测系统既指由众多环节组成的复杂的系统整体，又指检测系统中的各组成环节。因此，检测系统的概念是广义的。在检测信号的流通过程中，任意连接输入、输出并有特定功能的部分，均可视为检测系统。对检测系统的基本要求就是使检测系统的输出信号能够真实地反映被测量的变化过程，而不使信号发生畸变，即实现不失真地检测。一个完整的检测系统通常由传感器、测量转换电路、显示与记录装置、数据处理装置和调节执行装置组成，它们之间的关系如图1-12所示。

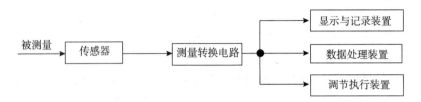

图 1-12 检测系统各组成部分之间的关系

传感器是把被测的非电量变换成与之有确定对应关系，且便于应用的某些物理量的检测装置。传感器获得信息的正确与否，关系到整个检测系统的测量精度。因此，它在自动检测系统中占有重要的位置。

测量转换电路的作用是把传感器输出的电量变成具有一定功率的电压或电流信号，以推动后级的显示与记录装置、数据处理装置及调节执行装置的执行。

显示装置是指把转换来的电信号显示出来，便于人机对话。显示方式有模拟显示、数字显示和图像显示等。记录装置包括模拟记录仪和数字采集记录系统等。

数据处理装置用来对检测的结果进行运算、分析，对动态测试结果做频谱分析、幅值谱分析和能量谱分析。

调节执行装置带动各种设备，为自动控制系统提供控制信号，使控制对象按人们设定的工艺过程进行工作。

网络链接 》》》

http：//www.sensor.com.cn/（中华传感器）

http：//www.sensorworld.com.cn/（传感器世界）

http：//www.osta.org.cn/（国家职业资格工作网）

项目3 测量的误差及处理

 项目目标

知识目标 》》

- 理解测量的定义；
- 了解测量方法；
- 理解误差的定义；
- 理解绝对误差的含义；
- 理解相对误差的含义；
- 掌握相对误差的计算。

技能目标 》》

- 对误差进行分类的能力；
- 学会计算传感器的相对误差，并对测量质量进行判别；
- 具有选择合理的测量仪表或量程的能力。

素质目标 》》

- 团队合作完成任务的能力；
- 判断能力。

 项目任务

（1）利用万用表测量一节干电池的电压并计算示值相对误差。

（2）利用万用表测量电阻的阻值并计算实际相对误差。

 **项目安排**

步骤	教学内容及能力/知识目标	教师活动	学生活动	时间/分钟
1. 案例导入	以曹冲称象为例引入测量	教师通过多媒体演示任务运行	学生边听讲边思考	10
2. 分析任务	测量的基础知识	教师介绍此模块的内容	学生边听讲边思考	10
3. 任务实施	（1）测量及测量方法；（2）测量误差；（3）利用万用表测量电池的电压并计算示值相对误差；（4）利用万用表测量电阻的阻值并计算实际相对误差；（5）填写任务报告书	教师利用多媒体进行讲授	学生边听讲思考	60
		引导学生确定测量实施方案	学生讨论确定方案	20
		分组指导并答疑	利用万用表测量电池的电压并计算示值相对误差	40
		分组指导并答疑	利用万用表测量电阻的阻值并计算实际相对误差	40
		分组指导并答疑	如实填写任务报告书，分析实施过程中的经验，编写总结	10
4. 任务检查与评估	通过随堂练习、提问等方式检查	课堂组织、指导	学生在教师指导下完成自评、互评	30
		结合学生完成的情况进行点评	学生展示答案，最终确定考核成绩	

 **项目资讯**

项目简介 ▶▶▶

　　传感器是一种用于测量的器件或装置，而测量是以获取被测量的实际值（真值）目的的活动，但由于测量表计、工作人员、环境因素的各种原因，测量值与真值之间存在或多或少的差别，即测量误差。本项目对测量、测量误差的相关知识进行学习。

知识储备 》》

在工程实践和科学实验中要获取检测对象信息的大小，即被测量的大小，就必须正确、及时地掌握各种信息。因此，信息采集的主要含义就是测量以及取得结果。在工程中，需要将传感器与多台仪表组合在一起，才能完成信号的检测，这样便形成了测量系统。随着计算机技术及信息处理技术的发展，测量系统所涉及的内容不断得以充实。

1.3.1 测量的定义

测量是检测技术的重要组成部分，是以确定被测量值为目的的一系列操作。测量能够帮助人们获得对客观事物定性或定量的信息，寻找并发现客观事物的发展规律。在工业现场，测量更进一步的目的是利用测量所获得的信息来控制某一生产过程，通常这种控制作用是与检测系统紧密相关的。

测量过程实质上是一个比较过程，是一种把物理参数转换成具有意义的数字的过程。也就是说，测量是将被测量与同种性质的标准量进行比较，从而确定被测量相对于标准量的倍数。其数学表达式为

$$x = Ax_0 \tag{1-9}$$

式中，x 为被测量；A 为测量值；x_0 为标准量，即被测量的单位。

式（1-9）称为测量的基本方程式。它说明测量值 A 与标准量 x_0 有关，x_0 越小 A 越大。因此，一个完整的测量结果应包含 A 和 x_0 两部分内容。

1.3.2 测量方法的分类

针对不同测量任务进行具体分析以找出切实可行的测量方法，对测量工作是十分重要的。从不同角度，测量方法有不同的分类方法。

1. 按测量过程的特点分

测量方法按测量过程的特点可分为直接测量法、间接测量法和组合测量法。

（1）直接测量法

直接测量法是指在使用仪表或传感器进行测量时，不需要经过任何运算就能直接从仪表或传感器上读出测量结果的方法。例如，用电位差计测电动势等。直接测量法的优点是测量过程简单、迅速，缺点是测量精度不高。

（2）间接测量法

间接测量法是指用直接测量法测得与被测量有确切函数关系的一些物理量，通过计算求得被测量的方法。例如，通过测量电压 U 和测量电流 I 求功率 $P = UI$ 等。间接测量法的手续较多，花费时间较长，一般用在直接测量不方便或者缺少直接测量手段

的场合。

（3）组合测量法

组合测量法是指被测量必须经过求解联立方程组，才能得到最后结果的方法。组合测量法是一种特殊的精密测量方法，不但操作手续复杂，而且花费时间长，因此，多用于科学实验或特殊场合。

2. 按测量仪表的特点分

测量方法按测量仪表的特点可分为接触测量法和非接触测量法。

（1）接触测量法

接触测量法是指传感器与被测量直接接触，承受被测量参数的作用，感受其变化，从而获得信号，并测量其信号大小的方法。例如，用体温计测体温等。

（2）非接触测量法

非接触测量法是指传感器不与被测量直接接触，只是间接承受被测量参数的作用，感受其变化，从而获得信号，并测量其信号大小的方法。例如，用辐射式温度计测量温度和用光电转速表测量转速等。非接触测量法不干扰被测量，既可进行局部点检测，又可进行整体扫描。特别是对于运动的对象、腐蚀性介质及危险场合的参数检测，显得更为方便、安全和准确。

3. 按测量对象的特点分

测量方法按测量对象的特点可分为静态测量法和动态测量法。

（1）静态测量法

静态测量法是指当被测量处于稳定的情况下所进行的测量。此时被测量参数不随时间的变化而变化，故又称为稳态测量。

（2）动态测量法

动态测量法是指被测量处于不稳定的情况下进行的测量。此时被测量参数随时间的变化而变化，因此，这种测量必须瞬时完成，才能得到动态参数的测量结果。

由于过程检测中被测量参数多是随时间变化的，因此，过程检测实际上就是动态测量。但如果被测量参数随时间的变化很缓慢，而测量所需时间相对又很短，则过程检测可近似作为稳态测量。这种近似也是产生测量误差的原因之一。

1.3.3 测量误差及其分类

1. 测量误差的基本概念

测量既是一个变换、选择、放大、比较、显示诸功能综合作用的过程，又是一个对比、示差、平衡、读数的比较过程。如果这些过程是在理想的环境、条件下进行，即假设一切影响因素都不存在，则测量将是十分精确的。但是，这种理想的环境和条件在实际中是不存在的。无论是测量设备还是测量对象、方法，都不同程度地受到本身和周围各种因素的影响。当这些因素变化时，必然会影响到被测量、测量值的大小，使测量值与被测量的真值之间产生差异，这个差异就是测量误差。

真值是指在一定的时间及空间（位置或状态）条件下，被测量所体现的真实数值。通常所说的真值可以分为理论真值、约定真值和相对真值三种。

（1）理论真值

理论真值又称为绝对真值，是指在严格的条件下，根据一定的理论，按定义确定的数值。例如，三角形的内角和恒为180°。一般情况下，理论真值是未知的。

（2）约定真值

约定真值是指用约定的办法确定的最高基准值，它被认为充分接近于真值，因而可以代替真值来使用。如基准米的定义为光在真空中 1/299 792 458 s 的时间间隔内的行程。测量中修正过的算术平均值也可作为约定真值，这是因为误差对称分布时正负误差出现的机会相等，在没有系统误差（或系统误差用校正法可以消除）的情况下，各次测量值相加以后求平均值，就能得到极接近于真值的数值。由于测量次数总是有限的，所以平均值还不是真值，只能将它称为约定真值。

（3）相对真值

相对真值又称为实际值，是指将测量仪表按精度不同分为若干等级，高等级的测量仪表的测量值即为相对真值。如标准压力表所指示的压力值相对于普通压力表的指示值而言，即可认为是被测压力的相对真值。通常，高一级测量仪表的误差若为低一级测量仪表误差的 1/10~1/3，即可认为前者的测量值是后者的相对真值。相对真值在测量误差中的应用较为广泛。

测量的最终目的是求得被测量的理论真值，但是理论真值是永远测量不到的，只能以不同的精度接近理论真值。在实际中对给定的测量任务只需达到规定的精度即可，而不是精度越高越好。盲目地提高测量精度的做法，往往会带来相反的效果。

在解决生产过程中的测量任务时，必须根据测量的目的，全面考虑测量的可靠性、精度、经济性和使用简便性，而在科研工作中测量精度的要求往往是放在第一位的。

2. 测量误差的分类

在测量中由不同因素产生的误差是混合在一起同时出现的。为了便于分析研究误差的性质、特点和消除方法，可对各种误差进行分类。

（1）按表示方法分

测量误差按表示方法可分为绝对误差和相对误差。

①绝对误差

绝对误差是指被测量的测量值与被测量的真值之间的差值，即

$$\Delta = A_x - A_0 \tag{1-10}$$

式中，Δ 为绝对误差；A_x 为测量值；A_0 为被测量的真值，可为约定真值或相对真值。

绝对误差 Δ 说明了被测量的测量值偏离被测量的真值的大小，其值可正可负，具有和被测量相同的量纲。

②相对误差

有时绝对误差不足以反映测量值偏离被测量真值程度的大小，所以引入了相对误差。相对误差用百分比的形式来表示，一般多取正值。在实际测量中相对误差有以下几种表示形式。

实际相对误差。实际相对误差 γ_A 用绝对误差 Δ 与约定真值 A_0 的百分比表示，即

$$\gamma_A = \pm \frac{\Delta}{A_0} \times 100\% \tag{1-11}$$

标称相对误差。标称相对误差 γ_x 用绝对误差 Δ 与测量值 A_x 的百分比表示，即

$$\gamma_x = \pm \frac{\Delta}{A_x} \times 100\% \tag{1-12}$$

满度相对误差。满度相对误差 γ_m 用绝对误差 Δ 与仪器满量程 A_m 的百分比表示，即

$$\gamma_m = \pm \frac{\Delta}{A_m} \times 100\% \tag{1-13}$$

式中，当 Δ 取值为最大绝对误差 Δ_m 时，满度相对误差可被用来确定仪表的精度等级 S（最大满度相对误差），即

$$S = \frac{|\Delta_m|}{A_m} \times 100 \tag{1-14}$$

我国电工仪表准确度等级分为七级，即 0.1，0.2，0.5，1.0，1.5，2.5，5.0 级。它们分别表示对应仪表的满度相对误差不应超过的百分比。从仪表面板上的标志可以判断出仪表的精度等级。仪表在正常工作条件下使用时，仪表的精度等级和最大满度相对误差如表 1-1 所示。精度等级越小，仪表的价格就越贵。

表 1-1　仪表的精度等级和最大满度相对误差

精度等级	0.1	0.2	0.5	1.0	1.5	2.5	5.0
最大满度相对误差	±0.1%	±0.2%	±0.5%	±1.0%	±1.5%	±2.5%	±5.0%

例 1-1　现有精度等级为 0.5 级，量程为 0～300 ℃和精度等级为 1.0 级，量程为 0～100 ℃的两个温度计，要测 80 ℃的温度，试问采用哪一个温度计好？

解　用精度等级为 0.5 级的仪表测量时，最大标称相对误差为

$$\gamma_{x1} = \pm\frac{\Delta_{m1}}{A_x} \times 100\% = \pm\frac{300 \times 0.5}{80 \times 100} \times 100\% = \pm 1.875\%$$

用精度等级为 1.0 级的仪表测量时，最大标称相对误差为

$$\gamma_{x2} = \pm\frac{\Delta_{m2}}{A_x} \times 100\% = \pm\frac{100 \times 1.0}{80 \times 100} \times 100\% = \pm 1.25\%$$

由此可得 $\gamma_{x2} < \gamma_{x1}$，显然用精度等级为 1.0 级的仪表测量比用精度等级为 0.5 级的仪表测量更合适。因此，在选用传感器时应同时兼顾精度等级和量程。

例 1-2　某压力表精度等级为 5.0 级，量程为 0~1.5 MPa，测量结果显示为 0.70 MPa，试求：

（1）可能出现的最大满度相对误差 γ_m。

（2）可能出现的最大绝对误差 Δ_m。

（3）可能出现的最大标称相对误差 γ_x。

解　（1）可能出现的最大满度相对误差可以从精度等级直接得到，即 $\gamma_m = \pm 5.0\%$。

（2）$\Delta_m = \pm\gamma_m \times A_m = \pm(\pm 5.0\% \times 1.5) = \pm 0.075$ MPa

（3）$\gamma_x = \pm\frac{\Delta_m}{A_x} \times 100\% = \pm\frac{0.075}{0.70} \times 100\% = \pm 10.71\%$

（2）按误差出现的规律分

测量误差按误差出现的规律可分为系统误差、随机误差和粗大误差三种。

① 系统误差

在相同条件下，多次重复测量同一被测量时，其测量误差的大小和符号保持不变，或在条件改变时，误差按某一确定的规律变化，这种测量误差称为系统误差。若系统误差值恒定不变，则称为定值系统误差；若系统误差值变化，则称为变值系统误差。

系统误差产生的原因大体上可分为以下几种。

a. 测量所用的工具（仪器、量具等）本身性能不完善或安装、布置、调整不当而产生的误差。

b. 在测量过程中，因温度、湿度、气压、电磁干扰等环境条件发生变化而产生的误差。

c. 因测量方法不完善，或者测量所依据的理论本身不完善等原因而产生的误差。

d. 因操作人员读数方式不当而造成的读数误差等。

总之，系统误差的特征包括测量误差出现的有规律性以及其产生原因的可预知性。系统误差产生的原因和变化规律一般可通过实验和分析查出。因此，系统误差可被设法确定并消除。

系统误差表明了测量值偏离实际值的程度。系统误差越小，测量值越准确，所以常常用精度来表示系统误差的大小。

②随机误差

当多次重复测量同一被测量时，若测量误差的大小和符号均以不可预知的方式变化，则该误差称为随机误差。随机误差产生的原因比较复杂，虽然测量是在相同条件下进行的，但测量环境中温度、湿度、压力、振动、电场等总会发生微小变化，因此，随机误差是对测量值影响微小且又互不相关的大量因素所引起的综合结果。随机误差就个体而言并无规律可循，但其总体却服从统计规律。总的来说随机误差具有以下特性。

a. 对称性。绝对值相等、符号相反的误差在多次重复测量中出现的可能性相等。

b. 有界性。在一定测量条件下，随机误差的绝对值不会超出某一限度。

c. 单峰性。绝对值小的随机误差比绝对值大的随机误差在多次重复测量中出现的机会多。

d. 抵偿性。随机误差的算术平均值随测量次数的增加而趋于零。

随机误差的变化通常难以预测，也无法通过实验方法确定、修正和清除。但是通过多次测量比较可以发现随机误差服从某种统计规律，如正态分布、均匀分布和泊松分布等。

随机误差决定了测量的精密度。随机误差越小，测量值的精密度越高。如果一个测量值的精密度和准确度都很高，就称此测量的精确度很高。

③粗大误差

明显偏离真值的误差称为粗大误差，也称为过失误差。粗大误差主要是由于测量人员的粗心大意及电子测量仪器受到突然强大的干扰所引起的。就测量的大小而言，粗大误差明显超过正常条件下的误差。当发现粗大误差时，应予以剔除。

为了加深对精密度、准确度和精确度的理解，下面用打靶的例子来说明。子弹着点的分布如图 1-13 所示。

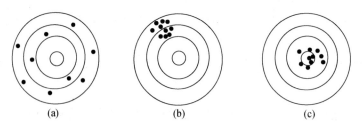

图 1-13　子弹着点的分布

（a）子弹着点很分散；（b）子弹着点集中但偏向一方；（c）子弹着点集中在靶心

子弹落在靶心周围有三种情况，图 1-13（a）的子弹着点很分散，表明它的精密度很低；图 1-13（b）的子弹着点集中但偏向一方，表明它的精密度高，但准确度低；图 1-13（c）的子弹着点集中在靶心，则表明它的精密度和准确度都很高，即精确度高。

（3）按使用条件分

测量误差按使用条件可分为基本误差和附加误差。

①基本误差

基本误差是指检测系统在规定的标准条件下使用时所产生的误差。所谓规定的标准条件是指一般传感器在实验室、制造厂或计量部门标定刻度时所保持的工作条件，如电源电压（220±5）V、温度（20±5）℃、湿度小于80%、电源频率（50±1）Hz等。基本误差是检测仪表在额定条件下工作所具有的误差，检测仪表的精确度是由基本误差决定的。

②附加误差

当使用条件偏离规定的标准条件时，除产生基本误差外，还会产生附加误差。例如，由于温度超过规定的标准而引起的温度附加误差、电源附加误差以及频率附加误差等。这些附加误差在使用时应叠加到基本误差上去。

（4）按被测量随时间变化的速度分

测量误差按被测量随时间变化的快慢可分为静态误差和动态误差。当被测量不随时间变化时所产生的误差称为静态误差。当被测量随时间迅速变化时，系统的输出量在时间上不能与被测量的变化精确吻合，这种误差称为动态误差。例如，将水银温度计插入100℃的沸水中，水银柱不可能立即上升到100℃，如果此时就记录读数，必然会产生误差。

引起动态误差的原因很多。例如，用笔式记录仪记录心电图时，由于记录笔有一定的惯性，因此，记录的结果在时间上滞后于心电的变化，有可能记录不到特别尖锐的窄脉冲；用放大器放大含有大量高次谐波的周期信号（如很窄的矩形波）时，由于放大器的频响及电压上升率不够，故造成高频段的放大倍数小于低频段，最后在示波器上看到的波形失真，以致产生误差。如图1-14所示，用不同品质的心电图仪测量同一个人的心电图时，由于其中一台放大器的带宽不够，动态误差较大，描绘出的窄脉冲幅度偏小。

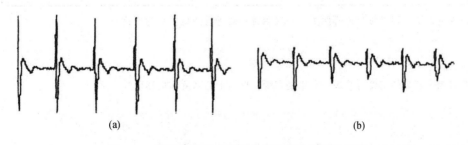

（a）   （b）

图1-14 不同品质的心电图仪描绘出心电图的比较

（a）动态误差较小的心电图仪的测量结果；（b）动态误差较大的心电图仪的测量结果

一般静态测量要求仪器的带宽从 0 Hz（直流）至 10 Hz，而动态测量要求带宽超过 10 kHz。这就要求采用高速运算放大器，并尽量减小电路的时间常数。

对用于动态测量带有机械结构的仪表而言，应尽量减小机械惯性，提高机械结构的谐振频率，才能尽可能真实地反映被测量的迅速变化。

 项目工单

模块 1	初识传感器		
项目 3	测量的误差及处理	学时	4
组长	小组成员		
小组分工			

一、项目描述

1. 利用万用表测量一节干电池的电压并计算示值相对误差；

2. 利用万用表测量电阻的阻值并计算实际相对误差。

二、项目计划

1. 确定本工作任务需要使用的工具和辅助设备，填写下表。

项目名称			
各工作流程	使用的器件、工具	辅助设备	备注

2. 按表示方法，误差可分为哪两类？一般用哪一类进行测量质量的评价？

3. 我国规定仪表的精度有几级？分别是多少？仪表上的精度如何读取？

3. 回顾万用表各挡的使用方法及注意事项？请简述其要领。

（续表）

模块1	初识传感器

三、项目决策

1. 分小组讨论，分析阐述各自制订的设计制作计划，确定实施方案；

2. 老师指导确定最终方案；

3. 每组选派一位成员阐述方案。

四、项目实施

1. 对给出的电阻进行测量，并记入下表。

电阻 测量值	组员1：___		组员2：___		组员3：___		组员4：___	
	测量值	色环读数（真值）	测量值	色环读数（真值）	测量值	色环读数（真值）	测量值	色环读数（真值）
1								
2								
3								

计算测量误差（实际相当误差），并分析测量过程中可能出现的问题。

2. 对2号电池的电压用万用表电压挡的不同挡位进行测量（2.5V、10V两个挡位），并计算出各次测量的示值相对误差？针对计算结果讨论如何选择挡位减小测量误差？

2.5 V挡：

10 V挡：

3. 填写任务执行情况检查单。

（续表）

模块1	初识传感器

五、项目检查

1. 学生填写检查单；

2. 教师填写评价表；

3. 学生提交实训心得。

六、项目评价

1. 小组讨论，自我评述完成情况及发生的问题，小组共同给出提升方案和效率的建议；

2. 小组准备汇报材料，每组选派一人进行汇报；

3. 老师对方案评价说明。

学生自我总结：

指导老师评语：

项目完成人签字：　　　　　　　　　　　日期：　　　年　　月　　日

指导老师签字：　　　　　　　　　　　　日期：　　　年　　月　　日

小组成员考核表（学生互评）

专业：	班级：	组号：
课程：传感器与检测技术	项目：	组长：

小组成员编号

1：	2：	3：	4：

考核标准

类别	考核项目	成员评分			
		1	2	3	4
学习能力	学习目标明确				
	有探索和创新意识、学习新技术的能力				
	利用各种资源收集并整理信息的能力				

（续表）

类别	考核项目	成员评分			
		1	2	3	4
方法能力	掌握所学习的相关知识点				
	能做好课前预习和课后复习				
	能熟练运用各种工具或操作方法				
	能熟练完成项目任务				
社会能力	学习态度积极，遵守课堂纪律				
	能与他人良好沟通，互助协作				
	具有良好的职业素养和习惯				
累计（满分100）					
小组考核成绩（作为个人考核系数）					
总评（满分100）					

注：①本表用于学习小组组长对本组成员进行评分。

②每项评分从 1～10 分，每人总评累计为 100 分。

③每个成员的任务总评＝成员评分×（小组考核成绩/100）。

 项目拓展

传感器的动态特性及检测系统

色环电阻，是在电阻封装上（即电阻表面）涂上一定颜色的色环，来代表这个电阻的阻值。

1. 色环的读数方法

色环电阻是电子电路中最常用的电子元件，采用色环来代表颜色和误差，可以保证电阻无论按什么方向安装都可以方便、清楚地看见色环。色环电阻的基本单位是：欧姆（Ω）、千欧（KΩ）、兆欧（MΩ）。1 000 欧（Ω）＝1 千欧（kΩ），1 000 千欧（kΩ）＝1 兆欧（MΩ）。

色环电阻用色环来表示电阻的阻值和误差，普通的用四色环表示，高精密的用五色环表示，另外还有六色环表示的（此种产品只用于高科技产品且价格十分昂贵）。色环电阻的对照关系如表 1-2 所示。色环电阻各环的含义如图 1-15 所示。

表 1-2　色环电阻的对照关系

颜色	数值	倍率	误差/%	温度关系/（×10/℃）
棕	1	10	±1	100
红	2	100	±2	50
橙	3	$1.0×10^3$	—	15
黄	4	$1.0×10^4$	—	25
绿	5	$1.0×10^5$	±0.5	
蓝	6	$1.0×10^6$	±0.25	10
紫	7	$1.0×10^7$	±0.1	5
灰	8		±0.05	
白	9		—	1
黑	0	1	—	—
金	—	0.1	±5	—
银	—	0.01	±10	—
无色			±20	

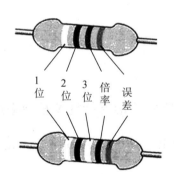

图 1-15　色环电阻各环的含义

（1）四色环电阻

四色环电阻就是指用四色色环表示阻值的电阻，从左向右数，如图 1-15 所示。第一道色环表示阻值的最大一位数字，第二道色环表示阻值的第二位数字，第三道色环表示阻值的倍率，第四道色环表示阻值允许的偏差（精度）。

例如，一个电阻的第一环为红色（代表 2）、第二环为紫色（代表 7）、第三环为棕色（代表 10 倍）、第四环为金色（代表 ±5%），那么这个电阻的阻值应该是 270Ω，阻值的误差范围为 ±5%。

（2）五色环电阻

五色环电阻就是指用五色色环表示阻值的电阻，从左向右数，如图 1-5 所示。第一道色环表示阻值的最大一位数字，第二道色环表示阻值的第二位数字，第三道色环表示阻值的第三位数字，第四道色环表示阻值的倍乘数，第五道色环表示误差范围。

例如，一个五色环电阻，第一道色环为红（代表 2）、第二道色环为红（代表 2）、第三道色环为黑（代表 0）、第四道色环为黑（代表 1 倍）、第五道色环为棕色（代表±1%），则其阻值为 220 Ω×1＝220 Ω，误差范围为±1%。

（3）六色环电阻

六色环电阻就是指用六色色环表示阻值的电阻，如图 1-15 所示，六色环电阻前五道色环与五色环电阻表示方法一样，第六道色环表示该电阻的温度系数。

2．主要参数

（1）标称阻值

标称在色环电阻上的电阻值称为标称值，单位：Ω、kΩ、MΩ。标称值是根据国家制定的标准系列标注的，不是生产者任意标定的，不是所有阻值的色环电阻都存在。全系列色环电阻阻值表如表 1-3 所示。

表 1-3　全系列色环电阻阻值表

1 Ω	1.1 Ω	1.2 Ω	1.3 Ω	1.5 Ω	1.6 Ω	1.8 Ω	2.0 Ω	2.2 Ω	2.4 Ω	2.7 Ω	3.0 Ω	3.3 Ω
3.6 Ω	3.9 Ω	4.3 Ω	4.7 Ω	5.1 Ω	5.6 Ω	6.2 Ω	6.8 Ω	7.5 Ω	8.2 Ω	9.1 Ω	10 Ω	11 Ω
12 Ω	13 Ω	15 Ω	16 Ω	18 Ω	20 Ω	22 Ω	24 Ω	27 Ω	30 Ω	33 Ω	36 Ω	39 Ω
43 Ω	47 Ω	51 Ω	56 Ω	62 Ω	68 Ω	75 Ω	82 Ω	91 Ω	100 Ω	110 Ω	120 Ω	150 Ω
160 Ω	180 Ω	200 Ω	220 Ω	240 Ω	270 Ω	300 Ω	330 Ω	360 Ω	390 Ω	430 Ω	470 Ω	510 Ω
560 Ω	620 Ω	3.6 kΩ	3.9 kΩ	4.3 kΩ	4.7 kΩ	5.1 kΩ	5.6 kΩ	6.2 kΩ	6.8 kΩ	7.5 kΩ	8.2 kΩ	9.1 kΩ
10 kΩ	11 kΩ	12 kΩ	13 kΩ	15 kΩ	16 kΩ	18 kΩ	20 kΩ	22 kΩ	24 kΩ	27 kΩ	30 kΩ	33 kΩ
36 kΩ	39 kΩ	43 kΩ	47 kΩ	51 kΩ	56 kΩ	62 kΩ	68 kΩ	75 kΩ	82 kΩ	91 kΩ	100 kΩ	110 kΩ
120 kΩ	130 kΩ	150 kΩ	160 kΩ	180 kΩ	200 kΩ	220 kΩ	240 kΩ	270 kΩ	300 kΩ	330 kΩ	360 kΩ	390 kΩ
430 kΩ	470 kΩ	510 kΩ	560 kΩ	620 kΩ	680 kΩ	750 kΩ	820 kΩ	910 kΩ	1 MΩ	1.1 MΩ	1.2 MΩ	1.3 MΩ
1.5 MΩ	1.6 MΩ	1.8 MΩ	2.0 MΩ	2.2 MΩ	2.4 MΩ	2.7 MΩ	3.0 MΩ	3.3 MΩ	3.6 MΩ	3.9 MΩ	4.3 MΩ	4.7 MΩ
5.1 MΩ	5.6 MΩ	6.2 MΩ	6.8 MΩ	7.5 MΩ	8.2 MΩ	9.1 MΩ	10 MΩ	22 MΩ				
功率：1/4 W　1/2 W　1 W　2 W　3 W												

（2）允许误差

色环电阻的实际阻值对于标称值的最大允许偏差范围，称为允许误差。误差代码有：F、G、J、K…（常见的误差范围是：0.05%，0.1%，0.25%，0.5%，1%，2%，5%，10%等）。

（3）额定功率

额定功率是指在规定的环境温度下，假设周围空气不流通，在长期连续工作而不损坏或基本不改变色环电阻性能的情况下，色环电阻上允许的消耗功率．常见的有 1/16 W、1/8 W、1/4 W、1/2 W、1 W、2 W、5 W、10 W。

网络链接 》》》

http：//www. sensor. com. cn/（中华传感器）

http：//www. sensorworld. com. cn/（传感器世界）

http：//www. osta. org. cn/（国家职业资格工作网）

模块 2　湿度、气敏传感器的应用

💡 知识点

- 了解湿敏、气敏传感器的种类及特点；
- 理解湿敏、气敏传感器的工作原理、结构；
- 掌握电阻式传感器的测量转换电路。

📧 技能点

- 能根据湿度、露点的概念进行湿度的计算；
- 能搭建电阻式传感器的典型接口电路——串联分压电路，并进行测量及分析；
- 电路的连接、调试能力。

🚶 模块学习目标

本模块学习湿度、露点的相关概念；了解湿敏、气敏电阻的类型、作用；掌握湿敏、气敏电阻传感器的工作原理；具有搭建电阻式传感器的典型接口电路——串联分压电路，并进行分析的能力；具有应用湿敏、气敏电阻传感器进行相关量测量的能力。

本模块通过对湿敏、气敏传感器的基础知识的学习，湿度、气体浓度测量和控制系统的设计与调试，使我们对湿敏、气敏传感器的特性、类别、结构、工作原理和测量方法有了基本的理解和掌握，并初步具备电子产品设计、制造、调试与故障的处理能力。

项目1 湿度的测量——雨滴报警电路的制作

 **项目目标**

知识目标 〉〉〉

- 理解湿度、露点的概念；
- 掌握湿敏传感器的工作原理、结构；
- 掌握湿敏传感器应用场合、使用及选用；
- 掌握湿敏传感器的测量转换电路。

技能目标 〉〉〉

- 能根据湿度、露点的概念进行湿度的计算；
- 能使用湿敏传感器及其测量电路制作雨滴报警器。

素质目标 〉〉〉

- 培养学生合作能力；
- 培养学生获取新知识能力；
- 培养学生公共关系处理能力。

 **项目任务**

（1）湿度变化时，测量湿敏传感器阻值的变化及其测量转换电路输出电压的变化；

（2）焊接雨滴报警器并调试。

 项目安排

步骤	教学内容及能力/知识目标	教师活动	学生活动	时间/分钟
1. 案例导入	秋天的结露现象	教师通过多媒体演示案例	学生边听讲边思考	10
		引导学生观察，思考并回答	讨论结露与湿度的关系，如何检测	
2. 分析任务	剖析任务，介绍相关的传感器	教师通过多媒体讲解	学生边听讲边思考	40
		(1) 介绍湿敏传感器的种类、工作原理、测量电路以及用途；(2) 例举多种方案，并对方案给予比较	学生讨论确定方案	
3. 任务实施	确定电路；选择所用器件；制作并调试；填写任务报告书	引导学生确定电路	学生讨论电路	120
		学生选择器件	学生根据控制要求选择合适的湿敏传感器及其他元件	
		分组指导并答疑	绘制电路原理图	
		分组指导并答疑	设计元件的布局和连线	
		分组指导并答疑	焊接、调试	
		分组指导并答疑	如实填写任务报告书，分析设计过程中的经验，编写设计总结	
4. 任务检查与评估	对本次任务进行检查	课堂组织	学生展示优秀设计方案和作品，最终确定考核成绩	30
		结合学生完成的情况进行点评		

 项目资讯

项目简介 ▶▶▶

湿度是生活、农业生产中经常涉及的一个环境量，例如，在医学上，45％～55％

的相对湿度下氧气比较容易通过肺泡进入血液，呼吸感觉最舒适；一些化学药剂、书籍、集成电路等也必须在一定湿度的条件下存放，因此在化学仓库、图书馆和电子企业中都有湿度测量及调节装置来控制室内的湿度。这样的例子还有很多，所以湿度的测量在某些时候是非常重要的因素，能测量湿度的传感器有很多类型。其中，最常用的是湿敏电阻传感器和湿敏电容传感器。本项目单元介绍湿敏电阻的工作原理、结构等，并应用湿敏电阻制作一个实际应用电路——雨滴报警电路。

随着汽车的不断更新换代，新的技术、新的功能层出不穷，例如，当开始下雨时，汽车的雨刮器不需要人工开启，用湿敏电阻进行检测，雨滴报警电路输出信号，雨刮器开始自动运行。

学生接受任务后，根据任务要求，准备项目需要的仪器仪表、元器件、工具，做好现场准备工作，严格遵守安全规范、作业规范进行施工操作，元器件、线路焊接安装好后，进行调试，填写相关表格，然后交指导教师检查验收，最后按照实训室现场管理规范，归置工具，清理现场。

知识储备 ≫ ≫

湿敏电阻式传感器是由湿敏元件和测量转换电路等组成，能感受外界湿度（通常将空气或其他气体中的水汽含量称为湿度）的变化，并通过湿敏电阻式传感器的物理或化学性质的变化，将环境湿度变换为阻值的变化，再由测量转换电路转换为电信号的装置。

与温度测量相比，对湿度进行精确地测量相对比较困难，原因是空气中的水蒸气含量极少，并且难于集中于湿敏元件表面。此外，水蒸气也会使一些感湿材料溶解、腐蚀、老化，从而丧失原有的感湿性能；再者，湿度信息的传递必须通过水分对感湿元件直接接触来完成，因此，湿敏元件工作时只能暴露于待测环境中，不能密封，因此较易于损坏。20 世纪 50 年代后，陆续出现了电阻型湿敏计等，使湿度的测量精度大大提高，但是与其他物理量的检测相比，无论是在制造工艺，还是在性能上或测量精度上都困难得多。近几年出现的半导体湿敏电阻式传感器和 MOS 型湿敏电阻式传感器已达到较高水平，且具有工作范围宽、响应速度快、环境适应能力强等特点。

2.1.1　大气湿度与露点

所谓湿度是指单位体积的气体中所含有水蒸气的量。它表明大气的干湿程度，常用绝对湿度和相对湿度表示。

1. 绝对湿度和相对湿度

（1）绝对湿度

地球表面的大气层是由 78% 的氮气、21% 的氧气和一小部分二氧化碳、水蒸气以及其他一些惰性气体混合而成的。由于地面上的水和动植物存在着水分蒸发现象，使得地面上不断地生成水蒸气，因而大气中含有水蒸气的量在不停地变化着。水分的蒸发及凝结的过程总是伴随着吸热和放热，因此，大气中水蒸气的多少不但会影响大气的温度，而且会使空气出现潮湿或干燥现象。大气的干湿程度是用大气中水蒸气的密度来表示的。通常以每单位体积的混合气体中所含水蒸气的质量表示。绝对湿度一般用符号 AH 表示，单位为 g/m³ 或 mg/m³，其表达式为

$$AH = \frac{m_v}{V} \qquad (2-1)$$

式中，m_v 为待测空气中的水蒸气的质量（g）；V 为待测空气的总体积（m³）。

由于气体中的水蒸气质量难于测量，因此，通常用气体中水蒸气的分气压来代替，单位为帕斯卡。

（2）相对湿度

在工农业生产与大气湿度相关的现象中，如农作物的生长、棉纱的断头以及人们的感觉等，都与大气中的水蒸气的质量——绝对湿度没有直接的关系，而与大气中的水蒸气离饱和状态的远近程度有关。例如，同样是 20 Pa 的绝对湿度，如果是在炎热的夏季中午，由于离当时的饱和水蒸气的气压（55.32 Pa，40 ℃）比较远，因此人感到干燥；而在夏季的傍晚，由于接近当时的饱和水蒸气的气压（23.78 Pa，25 ℃），而使人感到潮湿。因此，有必要引入一个新的描述气体中的水蒸气离饱和状态远近程度的物理量——相对湿度。

相对湿度是指被测气体中的水蒸气的气压与该气体在相同温度下饱和水蒸气的气压的百分比。相对湿度用一个百分比来评价空气的潮湿程度，它是一个无量纲的值，一般用符号 RH 表示，其表达式为

$$RH = \frac{P_v}{P_w} \times 100\% \qquad (2-2)$$

式中，P_v 为在 t ℃时被测气体中的水蒸气的气压（Pa）；P_w 为待测空气在温度 t ℃下的饱和水蒸气的气压（Pa）。

在标准大气压的不同温度下饱和水蒸气的气压如表 2-1 所示。

表 2-1 在标准大气压的不同温度下饱和水蒸气的气压

$t/℃$	P_w/Pa	$t/℃$	P_w/Pa	$t/℃$	P_w/Pa	$t/℃$	P_w/Pa
−20	0.77	−9	2.13	2	5.29	22	19.83
−19	0.85	−8	2.32	3	5.69	23	21.07
−18	0.94	−7	2.53	4	6.10	24	22.38
−17	1.03	−6	2.76	5	6.45	25	23.78
−16	1.13	−5	3.01	6	7.01	30	31.82

（续表）

$t/℃$	P_w/Pa	$t/℃$	P_w/Pa	$t/℃$	P_w/Pa	$t/℃$	P_w/Pa
−15	1.24	−4	3.28	7	7.51	40	55.32
−14	1.36	−3	3.57	8	8.05	50	92.50
−13	1.49	−2	3.88	9	8.61	60	149.4
−12	1.63	−1	4.22	10	9.21	70	233.7
−11	1.78	0	4.58	20	17.54	80	355.7
−10	1.93	1	4.93	21	18.65	100	760.0

如果已知在 t ℃时的空气中水蒸气的气压 P_v，通过表 2-1 查得温度为 t ℃时的饱和水蒸气的气压 P_w，就可以利用相对湿度的表达式计算出此时空气的相对湿度。

2. 露点

由表 2-1 可知，饱和水蒸气的气压是随着空气温度的下降而逐渐减小的，由此可知，在同样的空气水蒸气的气压下，空气温度越低，则空气的水蒸气的气压与同一温度下饱和水蒸气的气压的差值就越小。那么一定存在这样一个温度，当温度下降到这一温度，水蒸气的气压与同一温度下的饱和水蒸气的气压相等时，其相对湿度 RH 为100％，空气中的水蒸气达到饱和，向液相转化而凝结为露珠，这个现象就是结露，而这一特定的温度称为空气的露点温度，简称为露点；如果这一特定温度低于 0 ℃，水蒸气将会由气态转化为固态既结霜，因此，这一温度又称为霜点温度，通常两者统称为露点。空气中的水蒸气的气压越小，露点越低。因此，只要知道待测空气的露点温度，通过表 2-1 就可以查到在该露点温度下的饱和水蒸气的气压，这个饱和水蒸气的气压也就是待测空气的水蒸气的气压。

2.1.2 湿敏电阻传感器的工作原理

水是一种强极性电介质。水分子有较大的电偶极矩，在氢原子附近有极大的正电场，因而它具有很大的电子亲和力。水分子易于吸附在物体表面并渗透到固体内部的这种特性称为水分子亲和力，水分子附着或浸入湿度功能材料后，不仅具有物理吸附性，而且还具有化学吸附性，其结果使功能材料的电性能产生变化，如氯化锂、氧化锌等材料的阻抗发生变化。因此，这些材料可制成湿敏电阻式传感器，另外，利用某些材料与水分子接触时产生的物理效应也可以测量湿度。因此，可以将湿敏电阻式传感器分为水分子亲和力型湿敏电阻式传感器和非水分子亲和力型湿敏电阻式传感器。湿敏电阻式传感器的分类如表 2-2 所示。

表 2-2　湿敏电阻式传感器的分类

按水分子亲和力分类	湿敏电阻式传感器的类型
水分子亲和力型	金属氧化物膜型湿敏电阻式传感器、金属氧化物陶瓷湿敏电阻型传感器、尺寸变化型湿敏电阻式传感器、电解质湿敏电阻型传感器、高分子材料湿敏电阻传感器、硒膜及水晶振子湿敏电阻型传感器
非水和力型	热电阻型湿敏电阻式传感器、超声波式湿敏电阻传感器、红外线吸收型湿敏电阻式传感器、微波式湿敏电阻传感器
其他	CFT 湿敏电阻型传感器等

在现代生产、生活中使用的湿敏电阻式传感器大多是水分子亲和力型湿敏电阻传感器，它们将湿度的变化转化为阻抗的变化后，再经过测量转换电路后以电压信号输出。

2.1.3　湿敏电阻式传感器的分类

常用的湿敏电阻式传感器主要有金属氧化物陶瓷湿敏电阻式传感器、金属氧化物膜型湿敏电阻式传感器、高分子材料湿敏电阻式传感器等，下面分别加以介绍。

1. 金属氧化物陶瓷湿敏电阻式传感器

金属氧化物陶瓷湿敏电阻式传感器是由金属氧化物多孔性陶瓷烧结而成的。烧结体上有微细孔，可使湿敏层吸附或释放水分子，造成其电阻值的改变。

金属氧化物陶瓷湿敏电阻式传感器是当今湿敏电阻式传感器的发展方向之一，近几年世界上许多国家通过各种研究发现了不少能作为电阻型湿度多孔陶瓷的材料，如二氧化锡-三氧化二铝-二氧化钛、氧化镍等。

利用氧化镁复合氧化物-二氧化钛这种湿度材料可制成多孔陶瓷型湿-电转换器件，结构如图 2-1 所示。图 2-1 中氧化镁复合氧化物为 P 型半导体，它的电阻率低，电阻值——温度特性好。在该传感器陶瓷基片的两面涂覆有多孔金属电极。金属电极与引线烧结在一起，在陶瓷基片外有镍铬丝制成的加热线圈，整个元件安放在陶瓷基片上，电极引线一般采用铂-铱合金。加热线圈的作用主要有两个：一是为了通过加热驱散原来吸附的水蒸气，减小测量误差；二是通过加热以便对元件高温烧灼、清洗，减小油污、灰尘等对元件的污染。

氧化镁复合氧化物-二氧化钛陶瓷湿敏电阻式传感器的相对湿度与电阻值对应图，如图 2-2 所示。由图 2-2 可知，该传感器的电阻值既可随所处环境的相对湿度的增加而减小，又可随周围环境温度的变化而变化。

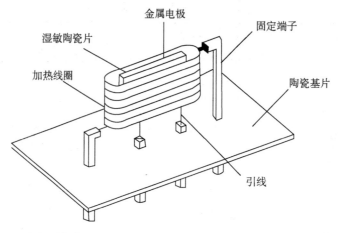

图 2-1   氧化镁复合氧化物-二氧化钛陶瓷湿敏电阻式传感器的结构的关系

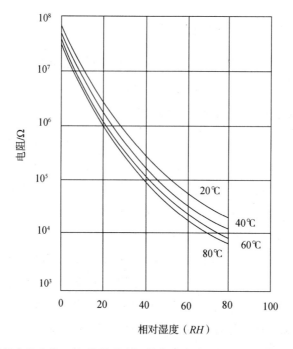

图 2-2   氧化镁复合化合物-二氧化钛陶瓷湿敏电阻式传感器的相对湿度与电阻值对应图

氧化镁复合氧化物-二氧化钛陶瓷湿敏电阻式传感器在使用前，应先加热 1 min 左右，然后冷却到与待测气体相同温度后，再进行测量，以消除由于油污及各种有机蒸气等的污染所引起的误差增加。

氧化镁复合氧化物-二氧化钛陶瓷湿敏电阻式传感器的特点是使用范围宽，湿度、温度系数小，性能稳定，特别是对其进行多次加热、清洗后性能仍然较稳定。

2. 金属氧化物膜型湿敏电阻式传感器

二氧化三铝、二氧化三铁、二氧化三镁等金属氧化物的细粉吸附水分后有极快的速干特性，利用这种现象可以研制生产出多种金属氧化物膜型湿敏电阻式传感器。这类传感器的结构如图 2-3 所示。先在陶瓷基片上制作钯银梳状电极，然后采用丝网印制、涂布或喷溅等工艺，将调配好的金属氧化物糊状物覆盖在陶瓷基片及电极上，最后利用低温烧结或烘干的方法

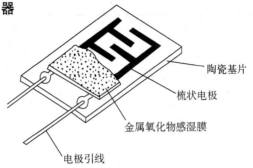

图 2-3　金属氧化物膜型湿敏
电阻式传感器的结构

将之固化成膜。这种膜可以吸附或释放水分子而改变其电阻值。因此，通过测量电极的电阻值可以检测相对湿度。这类传感器的特点是传感器电阻的对数值与湿度成线性关系，具有测量范围广、工作温度范围大、使用寿命长的优点，其寿命可长达两年以上。

3. 高分子材料湿敏电阻式传感器

高分子材料湿敏电阻式传感器是目前发展较快的一种新型湿敏电阻式传感器。它的结构、外形与金属氧化物膜型湿敏电阻式传感器的结构（图 2-3）相似，不同的只是其吸湿材料是用可吸湿电离的高分子材料制作而成的。例如，高氯酸锂-聚氯乙烯、四乙基硅烷的共聚膜等。

高分子材料湿敏电阻式传感器具有感湿范围宽，响应速度快，线性好、成本低，抗污染能力强，抗结露，耐水性好，湿滞回差小，性能稳定可靠，一致性好等特点。

 项目工单

模块 1	湿度、气敏传感器的应用		
项目 1	湿度的测量——雨滴报警电路的制作	学时	4
组长		小组成员	
小组分工			
一、项目描述			
1. 湿度变化时，测量湿敏传感器阻值的变化及其测量转换电路输出电压的变化； 2. 焊接雨滴报警电路并调试。			

（续表）

模块 1	湿度、气敏传感器的应用

二、项目计划

1. 确定本工作任务需要使用的工具和辅助设备，填写下表。

项目名称			
各工作流程	使用的器件、工具	辅助设备	备注

2. 湿度可分为哪两类？我们日常生产、生活中所说的湿度是指哪一个？

3. 露点与湿度有什么关系？由露点的测量可否知道湿度的大小？

三、项目决策

1. 分小组讨论，分析阐述各自制订的设计制作计划，确定实施方案；

2. 老师指导确定最终方案；

3. 每组选派一位成员阐述方案。

四、项目实施

1. 雨滴报警器电路原理图，如图 2-4 所示。

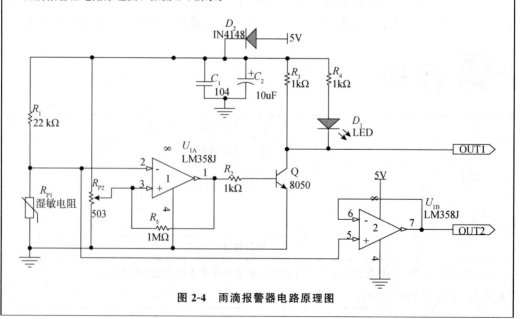

图 2-4 雨滴报警器电路原理图

模块 1	湿度、气敏传感器的应用

2. 湿敏电阻工作原理分析

将电阻 R_1（22 kΩ）与自制的湿敏电阻 R_{P1} 按电路连接完成，并接入 5 V 电源，分别在干燥、潮湿两种情况下测量湿敏电阻两端的电压，并填入表 2-3 中，对数据进行分析，以验证湿敏电阻的工作原理。

表 2-3　湿敏电阻工作原理分析

测量环境	干燥时	潮湿时（用手触摸时）
电压/V		
结论	当湿度变大时，湿敏电阻两端的电压_____，根据串联分压的原理，湿敏电阻的阻值_____，即湿敏电阻的阻值随湿度的增大而_____。	

3. 电路制造

（1）元件清点

将领取的元件进行清点，并按种类、型号填写表 2-4。

表 2-4　元件清单

序号	元件类型	型号/参数	数量	元件编号
1				
2				
3				
4				
5				
6				
...				

填写说明：①元件类型：填写电阻、电容等以说明元件的类别；

②型号/参数：填写元件的型号及主要参数，如电路中的集成运放，此项可填 LM358J；如电阻 R_1，此项可填 22 kΩ；

③元件编号：如 R_1、D_1；

④该表格在任务工单中自行绘制，行数按实际需要自己确定。

（2）电路连接

①元件在布局时应先放置核心元件，如芯片、三极管等；

②制作电路时应先了解电路，电路分几部分，各个部分的作用，实际操作时每次只制作电路的某一部分，如电路中的传感器部分，即 R_1 与湿敏电阻 R_{P1} 的串联电路。

（续表）

模块 1	湿度、气敏传感器的应用

4. 调试说明

（1）电路的供电电压为直流 5 V，也可用两个 3 V 的锂电池，也可用废旧手机的电池。二极管 D_2 的作用是防止 5 V 电源接反。

（2）在干燥时测量湿敏电阻两端的电压，既 LM358 的 2 引脚电压。然后，测量 LM358 的 3 引脚电压，同时调节电位器 R_{P2}，使其电压比 LM358 的 2 引脚电压略低。此时，LM358 的 1 引脚应为低电平，三极管 8050 截止，LED 不亮，OUT1 输出高电平。

（3）当有水滴到雨滴板时，湿敏电阻阻值减小，其分压（既 LM358 的 2 引脚电压）减小，使其比 LM358 的 3 引脚电压低，同相端（3 引脚）电压比反向端（2 引脚）高，LM358 的 1 引脚由低电平翻转为高电平。此时，三极管 8050 导通，D_1（LED）点亮，OUT1 输出低电平。

（4）灵敏度可通过电位器调节。干燥时，LM358 的 3 引脚电压比 LM358 的 2 引脚电压低得越少，灵敏度越高；反之，灵敏度越低。

（5）输出信号说明。

①OUT1：数学信号输出。TTL 输出有效信号为低电平，驱动能力 80 mA 左右，可直接驱动继电器、蜂鸣器等；高电平驱动能力 4 mA 左右。

②OUT2：模拟量输出的电压 0～3.5V。

（6）湿敏电阻（R_{P1}，雨滴板）和控制电路板是分开的，方便将线引出。

5. 要求

先制作传感器部分，既 R_1 与湿敏电阻 R_{P1} 的串联电路。接入电源后，利用万用表测量湿度变化时，湿敏传感器阻值的变化及其测量转换电路输出电压的变化。检验湿敏传感器的工作原理。然后完成整个雨滴报警器并调试成功。

五、项目检查
1. 学生填写检查单； 2. 教师填写评价表； 3. 学生提交实训任务工单。
六、项目评价
1. 小组讨论，自我评述完成情况及发生的问题，小组共同给出提升方案和效率的建议； 2. 小组准备汇报材料，每组选派一人进行汇报； 3. 老师对方案评价说明。
学生自我总结：
指导老师评语：

（续表）

模块 1	湿度、气敏传感器的应用
项目完成人签字：	日期：　　　年　　月　　日
指导老师签字：	日期：　　　年　　月　　日

小组成员考核表（学生互评）

专业：	班级：	组号：
课程：传感器与检测技术	项目：	组长：

小组成员编号

1：	2：	3：	4：

考核标准

类别	考核项目	成员评分			
		1	2	3	4
学习能力	学习目标明确				
	有探索和创新意识、学习新技术的能力				
	利用各种资源收集并整理信息的能力				
方法能力	掌握所学习的相关知识点				
	能做好课前预习和课后复习				
	能熟练运用各种工具或操作方法				
	能熟练完成项目任务				
社会能力	学习态度积极，遵守课堂纪律				
	能与他人良好沟通，互助协作				
	具有良好的职业素养和习惯				
累计（满分 100）					
小组考核成绩（作为个人考核系数）					
总评（满分 100）					

注：①本表用于学习小组组长对本组成员进行评分。

②每项评分从 1～10 分，每人总评累计为 100 分。

③每个成员的任务总评＝成员评分×（小组考核成绩/100）。

 项目拓展

湿敏电容传感器

湿度的检测与控制在现代科研、生产、生活中的地位越来越重要。例如，许多储物仓库在湿度超过某一程度时，储存的物品容易发生变质或霉变现象；纺织厂要求车间湿度保持在（60%～70%）RH，以减小纱线断线的概率；此外，在农业生产中的温室育花、食用菌培养、水果保鲜等都需要对湿度进行检测和控制。

1. 湿敏电容的结构

传感器主要由湿敏电容和转换电路两部分组成。它由玻璃底衬、下电极、湿敏材料、上电极几部分组成。两个下电极与湿敏材料，上电极构成的两个电容成串联连接。湿敏电容的结构如图 2-5 所示。

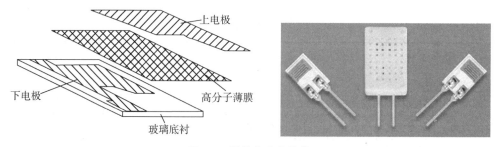

图 2-5 湿敏电容的结构

2. 湿敏电容的工作原理

电容式湿度传感器的敏感元件为湿敏电容，主要材料一般为高分子聚合物、金属氧化物。这些材料对水分子有较强的吸附能力，吸附水分的多少随环境湿度而变化。湿敏材料是一种高分子聚合物，它的介电常数随着环境的相对湿度变化而变化，电容器的电容值也就发生变化。同样，把电容值的变化转变为电信号，就可以对湿度进行监测。例如，聚苯乙烯薄膜湿敏电容，通过等离子体法聚合的聚苯乙烯具有亲水性极性基团，随着环境湿度的增减，它吸湿脱湿，电容值也随之增减，从而得到的电信号随湿度的变化而变化。

3. 湿敏电容的特点

湿敏电容一般是用高分子薄膜电容制成的，常用的高分子材料有聚苯乙烯、聚酰亚胺、醋酸醋酸纤维等。当环境湿度发生改变时，湿敏电容的介电常数发生变化，使其电容量也发生变化，其电容变化量与相对湿度成正比。湿敏电容的主要优点是灵敏度高，在标准环境下不需校正，产品互换性好、响应速度快、湿度的滞后量小、便于

制造、容易实现小，型化和集成化，其精度一般比湿敏电阻要低一些。

国外生产湿敏电容的主厂家有 Humirel 公司、Philips 公司、Siemens 公司等。以 Humirel 公司生产的 SH1100 型湿敏电容为例，其测量范围是（1％～99％）RH，在 55％RH 时的电容量为 180 pF（典型值）。当相对湿度从 0 变化到 100％时，电容量的变化范围是 163～202 pF。温度系数为 0.04 pF/℃，湿度滞后量为 ±1.5％，响应时间为 5 s。

网络链接 》》

http：//www.sensorworld.com.cn/（传感器世界）

http：//www.osta.org.cn/（国家职业资格工作网）

项目2　气体成分及浓度的测量

 项目目标

知识目标 》》》

- 理解气敏传感器的工作原理、结构；
- 掌握气敏传感器应用场合、使用及选用；
- 掌握气敏传感器的测量转换电路。

技能目标 》》》

- 能根据使用的场合、环境选用合适的气敏传感器；
- 能使用气敏传感器及其测量电路制作酒精浓度测试仪。

素质目标 》》》

- 培养学生合作能力。
- 培养学生获取新知识能力。
- 培养学生公共关系处理能力。

 项目任务

（1）酒精浓度增大时，测量酒精浓度传感器阻值的变化和其测量转换电路输出电压的变化；

（2）酒精浓度测试仪的制作及调试。

 **项目安排**

步骤	教学内容及能力/知识目标	教师活动	学生活动	时间/分钟
1. 案例导入	（1）厨房中智能抽油烟机的自动运行； （2）交警酒驾检查	教师通过多媒体演示案例	学生边听讲边思考	10
		引导学生观察，思考并回答	讨论如何实现功能	
2. 分析任务	剖析任务，介绍相关的传感器	教师通过多媒体讲解 （1）介绍气敏传感器的种类、工作原理、测量电路以及用途；	学生边听讲边思考	40
		（2）例举多种方案，并对方案给予比较	学生讨论确定方案	
3. 任务实施	确定电路；选择所用器件；制作并调试；填写任务报告书	引导学生确定电路	学生讨论电路	120
		引导学生选择器件	学生根据控制要求选择合适的气敏传感器、湿敏传感器及其他元件	
		分组指导并答疑	绘制电路原理图	
		分组指导并答疑	设计印制电路板并制作	
		分组指导并答疑	焊接、调试	
		分组指导并答疑	如实填写任务报告书，分析设计过程中的经验，编写设计总结	
4. 任务检查与评估	对本次任务进行检查	结合学生完成的情况进行点评	学生展示优秀设计方案和作品，最终确定考核成绩	30

 **项目资讯**

项目简介 》》》

现代社会中，人们在生产与生活中往往会接触到各种各样的气体，由于这些气体有许多是易燃、易爆的，如氢气、一氧化碳、氟利昂、煤气瓦斯、天然气、液化石油气等，因而就需要对它们进行检测和控制。气敏电阻式传感器就是一种将检测到的气体成分与浓度转换为电信号的传感器。人们根据这些信号的强弱就可以获得气体在环境中存在的信息，从而进行监控或报警。

本项目单元介绍气敏电阻的工作原理、结构等，并应用气敏电阻制作一个实际电路——酒精浓度测试仪。

知识储备 》》》

2.2.1　气敏电阻式传感器的工作原理

气敏电阻式传感器是利用气体在半导体表面的氧化还原反应导致敏感元件电阻值变化而制成的。当半导体表面被加热到稳定状态时，气体接触半导体表面而被吸附，吸附的分子首先在半导体表面自由扩散，失去运动能量，一部分分子被蒸发掉，另一部分残留分子固定在吸附处。如果半导体的功函数小于吸附分子的电子亲和力，则吸附分子将从半导体中夺得电子而形成负离子吸附，从而导致半导体表面呈现电荷层。具有负离子吸附倾向的气体，如氧气等被称为氧化型气体或电子接收型气体。如果半导体的功函数大于吸附分子的离解能，则吸附分子将向半导体中释放出电子而形成正离子吸附。具有正离子吸附倾向的气体，如氢气、一氧化碳、碳氢化合物和醇类等被称为还原型气体或电子供给型气体。

2.2.2　气敏电阻式传感器的结构和分类

气敏电阻式传感器一般由敏感元件、加热器和外壳三部分组成。

1. 按结构分

气敏电阻式传感器按结构可分为烧结型气敏电阻式传感器、薄膜型气敏电阻式传感器和厚膜型气敏电阻式传感器，如图 2-6 所示。

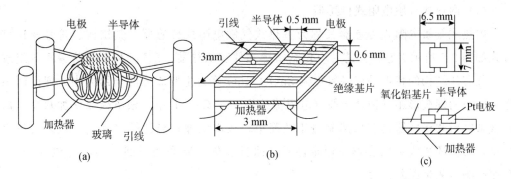

图 2-6　气敏电阻式传感器的结构

（a）烧结型气敏电阻式传感器；（b）薄膜型气敏电阻式传感器；（c）厚膜型气敏电阻式传感器

（1）烧结型气敏电阻式传感器

图 2-6（a）中的烧结型气敏电阻式传感器是以氧化物半导体材料（如 SnO_2、InO 等）为基体，掺杂（Pb、Pt 等），将电极和加热器埋入研磨混合均匀的金属氧化物中，经加热或加压成形后，再用传统低温（700～900 ℃）制陶工艺烧结制成，因此，它又称为半导体陶瓷。这种气敏电阻式传感器的制作方法简单，寿命较长，但由于烧结不充分，使得其机械强度较差，且所用电极材料较为昂贵，此外，由于其电特性误差较大，因而应用受到一定限制。

（2）薄膜型气敏电阻式传感器

图 2-6（b）中的薄膜型气敏电阻式传感器用蒸发或溅射方法，在绝缘（石英或陶瓷）基片上形成金属氧化物薄膜（厚度在 100 μm 以下）。用这种方法制成敏感膜的颗粒很小，因此，它具有很高的灵敏度和响应速度。敏感元件的薄膜化有利于实现气敏电阻式传感器的低功耗、小型化，以及与集成电路制造技术兼容，所以它是一种很有前途的气敏电阻式传感器。

（3）厚膜型气敏电阻式传感器

图 2-6（c）中将气敏材料与硅凝胶按一定比例混合均匀后制成能印刷的厚膜胶，把厚膜胶用丝网印刷到事先安装有铂电极的氧化铝基片上，在 400～800 ℃下烧结 1～2 h 便制成厚膜型气敏电阻式传感器。用厚膜工艺制成的电阻式传感器的一致性较好，机械强度高，适合于批量生产。

上述三种气敏电阻式传感器全部附有加热器，通常工作时要加热到 200～400 ℃。加热的作用是：烧灼掉附着在气敏元件表明的油雾和尘埃，起到清洁的作用。同时，加速气体吸附和氧化还原的反应，从而提高气敏电阻式传感器的灵敏度和响应速度。

2. 按加热方式分

气敏电阻式传感器按加热方式可分为内热式气敏电阻式传感器和旁热式气敏电阻式传感器。

（1）内热式气敏电阻式传感器

内热式气敏电阻式传感器又称为直热式气敏电阻式传感器，其结构、符号及连接方式如图 2-7 所示。它是由芯片（包括敏感元件和加热器）、基座和金属防爆网罩组成的。其芯片结构的特点是在以氧化锡 SnO_2、InO 等为主要成分的烧结体中，埋设两根作为电极的螺旋形铂－铱合金线（电阻值约为 $2\sim5\Omega$），其中一根电极兼作加热器。这种气敏电阻式传感器具有虽然制造工艺简单，成本低廉，能耗低的优点，但因其热容量小，易受环境气流的影响，稳定性差，而且加热回路和测量回路间没有电气隔离，互相影响，测量误差较大。

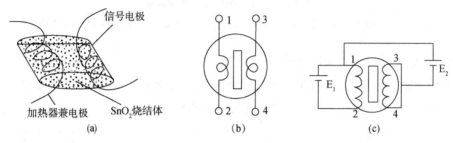

图 2-7 直热型气敏电阻式传感器

（a）芯片的结构；（b）符号；（c）应用连接方式

（2）旁热式气敏电阻式传感器

旁热式气敏电阻式传感器实际上是一种厚膜型气敏电阻式传感器，其管芯结构和符号如图 2-8 所示。在一根内径为 $0.8~\mu m$，外径为 $1.2~\mu m$ 的薄壁陶瓷管的两端设置一对金电极及铂-铱合金丝引出线，然后在陶瓷管的外壁涂上以基础材料配制的浆料层，经烧结后形成厚膜气体敏感层。在陶瓷管内放入一根螺旋形高电阻金属丝（如 Ni-Cr 丝）作为加热器（其电阻值一般为 $30\sim40~\Omega$）。这种管芯的测量电极与加热器分离，避免了相互干扰，而且敏感元件的热容量较大，减少了环境温度变化对敏感元件特性的影响。其可靠性和使用寿命都比直热式气敏电阻式传感器高。

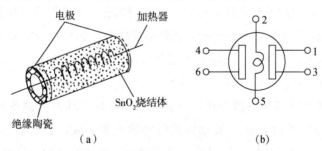

图 2-8 旁热式气敏电阻式传感器

（a）管芯结构；（b）符号

 **项目工单**

模块 1	湿度、气敏传感器的应用		
项目 2	气体成分及浓度的测量	学时	4
组长		小组成员	
小组分工			

一、项目描述

1. 酒精浓度增大时测量酒精浓度传感器阻值的变化和其测量转换电路输出电压的变化;

2. 酒精浓度测试仪的制作及调试。

二、项目计划

1. 确定本工作任务需要使用的工具和辅助设备,填写下表。

项目名称			
各工作流程	使用的器件、工具	辅助设备	备注

1. 还原型气敏电阻和氧化型气敏电阻,它们的阻值与气体浓度的关系各是如何的?

2. 在具体应用时,如何选取合适的气敏电阻?

三、项目决策

1. 分小组讨论,分析阐述各自制订的设计制作计划,确定实施方案;

2. 老师指导确定最终方案;

3. 每组选派一位成员阐述方案。

模块 1	湿度、气敏传感器的应用

四、项目实施

1. 酒精浓度测试仪电路原理图，如图 2-9 所示。

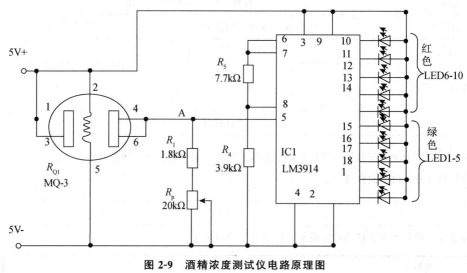

图 2-9　酒精浓度测试仪电路原理图

2. 气敏电阻工作原理分析

将气敏电阻 R_{Q1}（MQ-3）与电阻 R_1、电位器 R_{P1} 按电路连接完成，并接入 5 V 电源，分别在啤酒、葡萄酒、高度白酒三种情况下测量图中 A 点的电压，并填入表 2-5 中，对数据进行分析，以验证还原性气敏电阻的工作原理。湿敏电阻工作原理分析如表 2-5 所示。

表 2-5　湿敏电阻工作原理分析

测量环境	啤酒	葡萄酒	高度白酒
电压/V			
分析结论	当酒精浓度变大时，A 点电压_____，根据串联分压的原理，气敏电阻 R_{Q1} 两端的电压_____，气敏电阻的阻值_____，即气敏传感器的阻值随气体浓度的增大而_____。		

3. 电路工作情况

本设计采用 5 V 电源供电，LM3914 片内有 10 个电压比较器，10 个 1 kΩ 精密电阻串联组成的分压器分别向各电压比较器提供比较基准。

4. 工作原理

传感器选用 MQ3 型酒精气体浓度传感器，利用电阻分压电路将酒精浓度由电阻量转化为电压量，在通过驱动芯片 LM3914 按照电压大小驱动输出相应的发光管，当到达一定阈值时点亮不同个数的发光二极管，通过发光二极管的个数来确定酒精浓度。调试时通过电位器 R_P 调节测量的灵敏度。

模块 1	湿度、气敏传感器的应用

5. 电路制造

（1）元件清点

将领取的元件进行清点，并按种类、型号填写表 2-6。

表 2-6　元件清单

序号	元件类型	型号/参数	数量	元件编号
1				
2				
3				
4				
5				
6				
...				

填写说明：①元件类型：填写电阻、电容等以说明元件的类别；

②型号/参数：填写元件的型号及主要参数，如电路中的集成运放，此项可填 LM358J；如电阻 R_1，此项可填，22 kΩ；

③元件编号：如 R_1、D_1；

④该表格在任务工单中自行绘制，行数按实际需要自己确定。

（2）电路连接

①元件在布局时应先放置核心元件，如芯片、三极管等；

②制作电路时应先了解电路，电路分几部分，各个部分的作用，实际操作时每次只制作电路的某一部分，如电路中的传感器部分，即气敏电阻 R_{Q1} 与 R_1、R_P 的串联电路。

（3）完成整个酒精测试仪焊接并调试成功。

五、项目检查

1. 学生填写检查单；

2. 教师填写评价表；

3. 学生提交实训心得。

六、项目评价

1. 小组讨论，自我评述完成情况及发生的问题，小组共同给出提升方案和效率的建议；

2. 小组准备汇报材料，每组选派一人进行汇报；

3. 老师对方案评价说明。

（续表）

模块 1	湿度、气敏传感器的应用
学生自我总结：	
指导老师评语：	
项目完成人签字： 日期： 年 月 日	
指导老师签字： 日期： 年 月 日	

小组成员考核表（学生互评）

专业：	班级：	组号：
课程：传感器与检测技术	项目：	组长：

小组成员编号

1：	2：	3：	4：

考核标准

类别	考核项目	成员评分			
		1	2	3	4
学习能力	学习目标明确				
	有探索和创新意识、学习新技术的能力				
	利用各种资源收集并整理信息的能力				
方法能力	掌握所学习的相关知识点				
	能做好课前预习和课后复习				
	能熟练运用各种工具或操作方法				
	能熟练完成项目任务				
社会能力	学习态度积极，遵守课堂纪律				
	能与他人良好沟通，互助协作				
	具有良好的职业素养和习惯				
累计（满分100）					

（续表）

类别	考核项目	成员评分			
		1	2	3	4
	小组考核成绩（作为个人考核系数）				
	总评（满分100）				

注：①本表用于学习小组组长对本组成员进行评分。

②每项评分从1～10分，每人总评累计为100分。

③每个成员的任务总评＝成员评分×（小组考核成绩/100）。

项目拓展

液化气泄露报警与控制电路制作

利用 MQ-6 设计制作液化气泄露报警与控制电路，如图 2-10 所示。

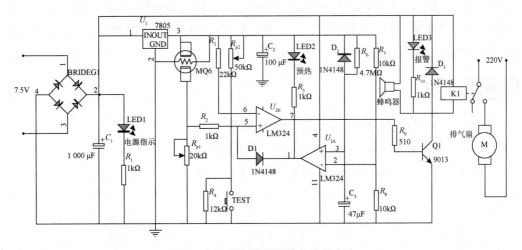

图 2-10　液化气泄露报警与控制电路

1. 工作原理

该报警器主要由电源、传感器检测电路、传感器预热电路及报警与控制电路四部分组成。电源部分由 BRIDEG1、C_1、U_1、C_2 及 LED1、R_1 组成，变压器将 220 V 市电降为 7.5 V 的交流电压，经 BRIGERG1、C_1 整流、滤波后得到 9 V 的直流电压，一方面作为 LM324 和报警与控制电路的供电电源，另一方面经 U_1 稳压后作为其它电路的电源。传感器检测电路由 MQ6、R_{P1}、R_{P2}、R_2、R_3、R_4 及 U_{2B} 组成，R_{P1} 用于调节传感器的灵敏度，R_{P2} 用于调节报警电路的起控浓度，调节 R_{P2} 可以使 U_{2B} 反相端电位在 2.25 V~5 V 变化。传感器预热电路由 D1、D2、U_{2A}、R_5、R_6、R_7、R_8、C_3 和 LED2 组成，主要是防止在接通电一段时间内传感器电路发生误动作。在接通电源的一段时间内（其延时时间可由公式 $t = R_6 C_3 \ln\left(1 - \dfrac{U_1}{U_2}\right)$ 来计算），使 U_{2A} 输出电压为 0，使 D_1 导通，封锁了传感器的输出信号，防止传感器在预热阶段电路发生误动作。报警与控制电路由 R_9、R_{10}、Q1、LED3、D_3、K1、蜂鸣器及排气扇组成，当 Q1 导通时，蜂鸣器、LED3 发出声光报警信号，且 K1 得电，常开触点闭合，排气扇电机得电，启动电扇，将室内空气排出，以降低气体浓度。TEST 开关用于电路测试，不管在什么状态下，只要按下 TEST 开关，U_{2B} 输出较高的电压，使 Q1 导通，发出报警信号。

2. 工作过程

在接通电源时，预热控制电路起作用，U_{2A} 输出电压为 0，D_1 导通，使 U_{2B} 同相端电位较低（小于反相端电位），此时 U_{2B} 输出电压 0，Q1 截止，报警与控制电路不动作。经过一段时间（取决于 R_6 对 C_3 的充电时间）后，U_{2A} 的同相端电压高于反相端电压，U_{2A} 输出高电压，D_1 截止，传感器检测信号可以送 U_{2B}。此时，若被测气体浓度高于报警点，则 U_{2B} 的同相端电位高于反相端，U_{2B} 输出高电压，Q1 导通，发出声光报警信号；若被测气体浓度低于报警点，则 U_{2B} 反相端电位高于同相端，U_{2B} 输出低电压，Q1 截止，报警电路不工作。

网络链接 》》》

http：//www. sensor. com. cn/（中华传感器）

http：//www. sensorworld. com. cn/（传感器世界）

http：//www. osta. org. cn/（国家职业资格工作网）

模块 3　测温传感器的应用

知识点

- 了解温度、温标的概念；
- 了解温度传感器的种类及选择；
- 掌握热电阻、热敏电阻的类型、工作原理、特性及使用；
- 掌握热电偶传感器的工作原理、应用场合、使用、选用及冷端补偿；
- 了解温度监测系统组成，构建温度监测环节并安装调试成功。

技能点

- 熟悉热电阻的三线制接法；
- 能根据使用的场合、测量的温度范围等选用合适的温度传感器；
- 能使用温度传感器及其测量电路制作实际的测温电路；
- 能根据测温系统的情况选用合适的冷端补偿方式并实施。

模块学习目标

　　温度是一个与人类的生产实践和社会生活有着非常密切联系的物理量，反映了物体的冷热程度。物质的许多物理、化学、生物现象都与温度有关，温度的测量和温度的控制在工农业生产和人们的生活中有极其广泛的应用。温度传感器的类型非常多，按工作原理可以分为热电式、电阻式、膨胀式、辐射式等，在本模块内，主要介绍应用较多的热电阻式测温传感器和热电偶两大类，通过学习掌握其工作原理、类型、特性、选用等方面的知识，并能够根据使用环境、测温范围等多种因素选用合适的测温传感器进行温度测量电路的设计和实施。

项目1　热电阻、热敏电阻的应用

 项目目标

知识目标 》》

- 了解温度传感器的种类及选择；
- 掌握测温热电阻传感器的工作原理、应用场合、使用及选用；
- 了解温度监测系统组成，构建温度监测环节并安装调试成功。

技能目标 》》

- 能对温度传感器进行分类；
- 能根据使用的场合、测量的温度范围等选用合适的温度传感器；
- 能使用温度传感器及其测量电路制作实际的测温电路；
- 初步具备自动检测系统故障处理能力。

素质目标 》》

- 培养学生合作能力；
- 培养学生获取新知识能力；
- 培养学生公共关系处理能力。

 项目任务

（1）应用 Pt100 进行温度测量；

（2）温度报警电路制作。

 项目安排

步骤	教学内容及能力/知识目标	教师活动	学生活动	时间/分钟
1. 案例导入	(1) 冰箱、空调的工作情景；(2) 烤箱的工作情景	教师通过多媒体演示案例	学生边听讲边思考	10
		引导学生观察，思考并回答	讨论如何实现功能	
2. 分析任务	剖析任务，介绍相关的传感器	教师通过多媒体讲解	学生边听讲边思考	30
		(1) 通过理论知识介绍热电阻、热敏电阻的种类、工作原理、测量电路以及用途；(2) 例举多种方案，并对方案给予比较	学生讨论确定方案	
3. 任务实施	应用实训平台进行 Pt100 测温	分组指导并答疑	按实训指导书接线，连接相关模块和电路，应用 Pt100 结合智能调节仪进行温度的测量	30
	确定电路；选择所用器件；制作并调试；填写任务报告书	引导学生确定电路	学生讨论电路	100
		引导学生选择器件	学生根据控制要求选择合适的热敏元件及其他元件	
		分组指导并答疑	绘制电路原理图	
		分组指导并答疑	设计印制电路板并制作	
		分组指导并答疑	焊接、调试	
		分组指导并答疑	如实填写任务报告书，分析设计过程中的经验，编写设计总结	
4. 任务检查与评估	对本次任务进行检查	结合学生完成的情况进行点评	学生展示优秀设计方案和作品，最终确定考核成绩	30

 **项目资讯**

项目简介 》》》

测量温度传感器的种类很多。常用的有热电阻、热电偶、PN结测温集成电路、红外辐射温度计等。本项目主要介绍热电阻式传感器。

热电阻式传感器是利用导体或半导体的阻值随温度变化而变化的原理进行测温的。它可分为金属热电阻式传感器和半导体热敏电阻式传感器。

知识储备 》》》

3.1.1 金属热电阻式传感器

1. 金属热电阻式传感器的工作原理

物质的电阻率随温度变化而变化的现象称为热电阻效应。当温度改变时，导体或半导体的电阻值随温度的变化而变化。对金属来说，温度上升时，金属的电阻值将增大。这样，在一定温度范围内，可以通过测量电阻值变化而得出温度的变化。

假定取一个 220 V/100 W 的灯泡，用万用表测量其阻值，冷态时其阻值为几十欧姆，但根据公式 $R = U^2/P$ 计算得到的额定热态阻值为 484 Ω，两者相差好多倍。由此可知，金属丝在不同的温度下阻值是不同的。

温度升高时，金属内部原子在其晶格附件的热运动加剧，从而使自由电子通过金属导体时的阻力增大，宏观上表现出电阻率变大，电阻值增大；反之，则电阻值减小。因此，金属导体具有正的温度系数，即电阻值与温度的变化趋势相同。

2. 金属热电阻的分类和结构

（1）金属热电阻的分类

用于测温的金属热电阻，对其材料的要求是：电阻温度系数应尽可能大且稳定，即有较高的灵敏度；电阻率高，有利于减小体积，减小热惯性；在测温范围内，物理、化学性质稳定；工艺性能好，易于提纯、加工和复制。对比金属热电阻对材料的要求和金属材料的特性，目前使用最广泛的用于制造金属热电阻的材料是铂和铜。此外，近年来随着低温和超低温测量技术的发展，开始采用一些较为新颖的热电阻，例如，采用铑铁、铟、锰和碳等作为金属热电阻材料。

①铂热电阻

铂具有非常稳定的物理、化学性能，是目前制造金属热电阻最好的材料。它通常用作标准温度计、高精度温度计，被广泛应用于做温度的基准、标准的传递。其测量范围一般为 $-200 \sim 960$ ℃，是目前测温复现性最好的一种温度计。

当温度 t 在 $-200 \sim 0$ ℃时，铂的电阻值与温度的关系为

$$R_t = R_0 [1 + At + Bt^2 + Ct^3 (t - 100)] \tag{3-1}$$

当温度 t 在 $0 \sim 850$ ℃时，铂的电阻值与温度的关系为

$$R_t = R_0 (1 + At + Bt^2) \tag{3-2}$$

式中，R_0 是温度为 0 ℃时的电阻值，有 46 Ω、100 Ω 等几种；A 为常数，$A = 3.96847 \times 10^{-3}$℃^{1}；$B$ 为常数，$B = \sigma 5.847 \times 10^{-7}$℃^{2}；$C$ 为常数，$C = \sigma 4.22 \times 10^{12}$℃^{4}。

由式（3-1）和式（3-2）可知，铂热电阻的电阻值 R_t 不仅与温度 t 有关，还与其在 0 ℃时的电阻值 R_0 有关，即在同样温度下，R_0 的取值不同，R_t 的值就不同。因此，必须每隔 1 ℃测出铂热电阻在规定的测温范围内的 R_t 与温度 t 之间的对应电阻值，并列成表格，这种表格称为金属热电阻的分度表。

②铜热电阻

铜热电阻的特点是价格便宜（而铂是贵重金属），纯度高，重复性好，电阻温度系数大，$\alpha = (8.25 \sim 8.28) \times 10^{-3}$℃$^{-1}$（铂的电阻温度系数在 $0 \sim 100$℃的平均值为 3.9×10^{-3}℃$^{-1}$）。由于铜热电阻的灵敏度和线性都要优于铂热电阻，在测量精度要求不太高、测温范围不太大的情况下，可以用铜热电阻来代替铂热电阻，这样可以降低成本，同时铜热电阻的灵敏度和线性都要优于也能达到精度的要求。

用铜热电阻的主要缺点是电阻率小，高温时易氧化，因此，铜热电阻常用于介质温度不高、腐蚀性不强、测温元件体积不受限制的场合。

测温范围为 $-50 \sim +150$℃，当温度高于上限时，铜热电阻就氧化了。在上述测温范围内，铜的电阻值与温度成线形关系，可表示为

$$R_t = R_0 (1 + \alpha t) \tag{3-3}$$

式中，R_0 的值有 53 Ω、100 Ω 等几种；α 为温度系数，$\alpha = (8.25 \sim 8.28) \times 10^{-3}$℃$^{-1}$。

铜热电阻和铂热电阻的主要技术性能见表 3-1。

表 3-1　铜热电阻和铂热电阻的主要技术性能

材料	铂	铜
测温范围/℃	$-200 \sim 960$	$-50 \sim 150$
电阻率/（Ω·m）	$9.81 \times 10^{-8} \sim 10.6 \times 10^{-8}$	1.7×10^{-8}
特性	近似于线性、性能稳定、精度高	线性好、灵敏度高、价格低、体积大

（2）金属热电阻的结构

金属热电阻主要由热电阻丝、绝缘骨架、引出线等部件组成。其中，热电阻丝是

金属热电阻的主体。铂热电阻的结构如图 3-1 所示，铜热电阻的结构如图 3-2 所示。

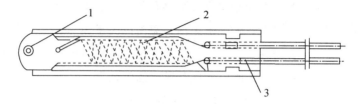

图 3-1　铂热电阻的结构

1—铆钉；2—电阻丝；3—银质引脚

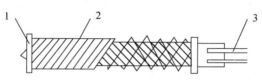

图 3-2　铜热电阻的结构

1—骨架；2—漆包铜线；3—引出线

3. 金属热电阻式传感器的测量转换电路

工业用的金属热电阻安装在生产现场，而其指示或记录仪表则安装在控制室，其间的引线很长，如果仅用两根导线接在金属热电阻两端，那么两根导线本身的电阻势必和金属热电阻的电阻串联在一起，造成测量误差。这个误差很难修正，因为导线的电阻值随环境温度的变化而变化，环境温度并非处处相同，且又变幻莫测。所以两线制连接方式不宜在工业热电阻上普遍应用。

如图 3-3 所示，为避免或减小导线电阻对测温的影响，工业热电阻多采用三线制接法，即从金属热电阻引出三根导线，这三根导线粗细相同，长度相等，且电阻值均为 σ_2。当热电阻和电桥配合使用时，采用这种引出线方式可以较好地消除引出线电阻的影响，提高测量精度。

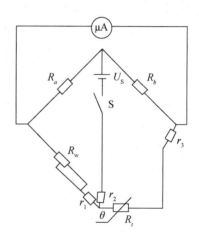

图 3-3　热电阻的三线制接法

3.1.2　半导体热敏电阻式传感器

半导体热敏电阻式传感器是一种对温度反应较敏感，电阻值会随温度的变化而变化的非线性电阻式传感器。它可以直接将温度的变化转化为电信号的变化。

1. 半导体热敏电阻式传感器的特性

金属的电阻值随温度的升高而增大，但半导体却相反，它的电阻值随温度的升高而急剧减小，并呈现非线性关系，如图 2-10 所示。

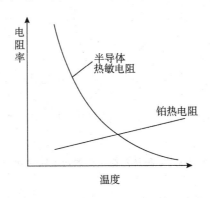

图 3-4　铂热电阻和半导体热敏电阻的温度特性曲线

由图 3-4 可知，在温度变化时，半导体热敏电阻的电阻值变化得非常迅速。因此，可用它来测量较小的温度差异。

半导体的这种温度特性是因为它的导电方式是载流子（电子、空穴）导电。由于半导体中载流子的数目远比金属中的自由电子少得多，因而它的电阻值很大。随着温度的升高，半导体中参加导电的载流子数目就会增多，因此，它的导电率增加，电阻值降低。

半导体热敏电阻正是利用半导体的电阻值随温度变化这一特性而制成的热敏元件。

2. 半导体热敏电阻的分类与结构

（1）半导体热敏电阻的分类

半导体热敏电阻按温度系数可分为正温度系数热敏电阻 PTC 和负温度系数热敏电阻 NTC 与 CTR，三者的温度特性曲线如图 3-5 所示。所谓正温度系数是指电阻的变化趋势与温度的变化趋势相同；所谓负温度系数是指当温度上升时，电阻值反而下降的变化特性。

①NTC 热敏电阻。NTC 热敏电阻主要由铁、镍、锰、钴、铜等金属氧化物混合烧结而成，改变混合物的成分和配比，就可以获得测温范围、电阻值及电阻温度系数不同的 NTC 热敏电阻。它具有很高的负电阻温度系数，特别适合于在 $-100 \sim 300℃$ 之间测温，并在点温、表面温度、温差、温场等测量中得到日益广泛的应用，同时也广泛地应用在自动控制及电子线路的热补偿线路中。

②CTR 热敏电阻。CTR 热敏电阻又称为临界温度型热敏电阻，是以三氧化二钒与钡、硅等氧化物，在磷、硅氧化物的弱还原气体中混合烧结而成的。通常，CTR 热敏电阻用树脂包封成珠状或厚膜形使用，其电阻值在 $1 \sim 10k\Omega$ 之间。

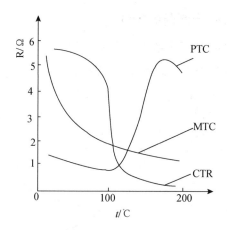

图 3-5 半导体热敏电阻的温度特性曲线

CTR 热敏电阻随温度变化的特性属于剧变性，且具有开关特性，见图 3-5。当温度上升到某临界点时，其电阻值会突然下降，突变的数量级为 2～4。

由于 CTR 热敏电阻温度特性存在剧变性，因此，不能像 NTC 热敏电阻那样用于大范围的温度控制，而在某一小范围内的温度控制却是十分优良的，可在特定的温度区间内使用。

③PTC 热敏电阻。PTC 热敏电阻是一种具有温度敏感性的半导体热敏电阻，一旦超过一定的温度时，它的电阻值会随着温度的升高几乎是呈阶跃式的升高。典型的 PTC 热敏电阻通常是在钛酸钡中掺入其他金属离子，以改变其温度系数和临界点温度。它的温度—电阻特性曲线呈非线性关系，见图 3-5。PTC 热敏电阻在工业上可用于温度的测量与控制，也可用于汽车某部位的温度检测与调节，还可大量用于民用设备，如控制瞬间开水器的水温，控制空调器与冷库的温度等。

由于 PTC 热敏电阻的电阻值受温度影响比较大，只要流过很小的电流，就能产生明显的电压变化，而电流对其自身有加热作用，所以使用时要注意勿使电流过大，以避免产生过大的测量误差。

（2）半导体热敏电阻的结构

半导体热敏电阻主要由热敏探头 1、引线 2、壳体 3 组成，如图 3-6 所示。

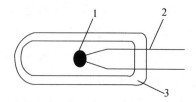

图 3-6 半导体热敏电阻的结构

1—热敏探头；2—引线；3—壳体

 **项目工单**

模块 1	测温传感器的应用		
项目 1	热电阻、热敏电阻的应用	学时	4
组长		小组成员	
小组分工			

<table>
<tr><td colspan="4" align="center">一、项目描述</td></tr>
</table>

1. 应用 Pt100 进行温度测量；

2. 温度报警电路制作。

<table>
<tr><td colspan="4" align="center">二、项目计划</td></tr>
</table>

1. 确定本工作任务需要使用的工具和辅助设备，填写下表。

项目名称			
各工作流程	使用的器件、工具	辅助设备	备注

2. 热电阻的分类有哪些？热敏电阻的分类有哪些？

3. PT100 的含义是什么？

<table>
<tr><td colspan="4" align="center">三、项目决策</td></tr>
</table>

1. 分小组讨论，分析阐述各自制订的设计制作计划，确定实施方案；

2. 老师指导确定最终方案；

3. 每组选派一位成员阐述方案。

（续表）

模块1	测温传感器的应用

四、项目实施

任务1　应用Pt100进行温度测量

1. 应用智能调节仪进行温度控制

（1）在控制台上的"智能调节仪"单元中"输入"选择"Pt100"，并按图3-7接线。

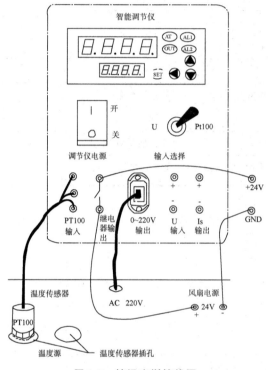

图3-7　控温实训接线图

（2）将"+24 V输出"经智能调节仪"继电器输出"，接加热器风扇电源，打开调节仪电源。

（3）按住 SET 键3 s以下，进入智能调节仪A菜单，仪表靠上的窗口显示"SU"，靠下窗口显示待设置的设定值。当LOCK等于0或1时，设置温度的设定值，按 ◀ 键可改变小数点位置，按 ▲ 或 ▼ 键可修改靠下窗口的设定值。否则提示"LCK"表示已加锁。再按 SET 键3 s以下，回到初始状态。

（4）按住 SET 键3 s以上，进入智能调节仪B菜单，靠上窗口显示"dAH"，靠下窗口显示待设置的上限偏差报警值。按 ◀ 键可改变小数点位置，按 ▲ 或 ▼ 键可修改靠下窗口的上限报警值。上限报警时仪表右上"AL1"指示灯亮。（参考值0.5）

（5）继续按 SET 键3 s以下，靠上窗口显示"ATU"，靠下窗口显示待设置的自整定开关，按 ▲ 或 ▼ 键设置，"0"自整定关，"1"自整定开，开时仪表右上"AT"指示灯亮。

（6）继续按 SET 键3 s以下，靠上窗口显示"dP"，靠下窗口显示待设置的仪表小数点位数，按 ◀ 键可改变小数点位置，按 ▲ 或 ▼ 键可修改靠下窗口的比例参数值。（参考值1）

（续表）

模块 1	测温传感器的应用

（7）继续按⑤键 3 s 以下，靠上窗口显示 "P"，靠下窗口显示待设置的比例参数值，按◀键可改变小数点位置，按▲或▼键可修改靠下窗口的比例参数值。

（8）继续按⑤键 3 s 以下，靠上窗口显示 "I"，靠下窗口显示待设置的积分参数值，按◀键可改变小数点位置，按▲或▼键可修改靠下窗口的积分参数值。

（9）继续按⑤键 3 s 以下，靠上窗口显示 "d"，靠下窗口显示待设置的微分参数值，按◀键可改变小数点位置，按▲或▼键可修改靠下窗口的微分参数值。

（10）继续按⑤键 3 s 以下，靠上窗口显示 "T"，靠下窗口显示待设置的输出周期参数值，按◀键可改变小数点位置，按▲或▼键可修改靠下窗口的输出周期参数值。

（11）继续按⑤键 3 s 以下，靠上窗口显示 "SC"，靠下窗口显示待设置的测量显示误差休正参数值，按◀键可改变小数点位置，按▲或▼键可修改靠下窗口的测量显示误差休正参数值。（参考值 0）

（12）继续按⑤键 3 s 以下，靠上窗口显示 "UP"，靠下窗口显示待设置的功率限制参数值，按◀键可改变小数点位置，按▲或▼键可修改靠下窗口的功率限制参数值。（参考值 100%）

（13）继续按⑤键 3 s 以下，靠上窗口显示 "LCK"，靠下窗口显示待设置的锁定开关，按▲或▼键可修改靠下窗口的锁定开关状态值，"0" 允许 A、B 菜单，"1" 只允许 A 菜单，"2" 禁止所有菜单。继续按⑤键 3 s 以下，回到初始状态。

（14）设置不同的温度设定值，并根据控制理论来修改不同的 P、I、d、T 参数，观察温度控制的效果。

2. 铂热电阻温度特性测试

（1）实验目的

了解铂热电阻的特性与应用。

（2）实验仪器

智能调节仪、PT100（两只）、温度源、温度传感器实验模块。

（3）实验原理

利用导体电阻随温度变化的特性，热电阻用于测量时，要求其材料电阻温度系数大，稳定性好，电阻率高，电阻与温度之间最好有线性关系。当温度变化时，感温元件的电阻值随温度而变化，这样就可将变化的电阻值通过测量电路转换电信号，即可得到被测温度。

（4）实验内容与步骤

①重复温度控制实验，将温度控制在 50 ℃，在另一个温度传感器插孔中插入另一只铂热电阻温度传感器 PT100。

②将 ±15 V 直流稳压电源接至温度传感器实验模块。温度传感器实验模块的输出 U_{o2} 接实验台直流电压表。

④将温度传感器模块上差动放大器的输入端 U_i 短接，调节电位器 R_{w4} 使直流电压图 3-8Pt100 温度特性测量接线图表显示为零。

（续表）

模块 1	测温传感器的应用

温度传感器实验模块

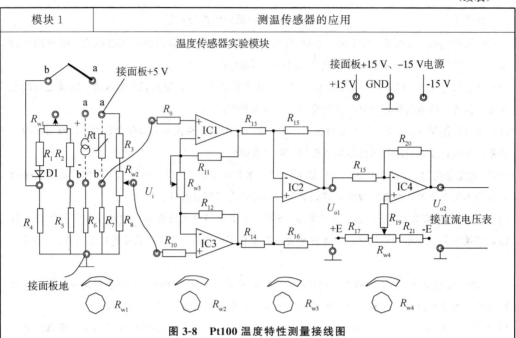

图 3-8 Pt100 温度特性测量接线图

（4）按图 3-8 接线，并将 PT100 的 3 根引线插入温度传感器实验模块中 R_t 两端（其中颜色相同的两个接线端是短路的）。

（5）拿掉短路线，将 R_6 两端接到差动放大器的输入 U_i，记下模块输出 U_{o2} 的电压值。

（6）改变温度源的温度每隔 5 ℃记下 U_{o2} 的输出值。直到温度升至 120 ℃。并将实验结果填入下表。

$T/℃$																
U_{o2}/V																

任务 2 温度报警电路制作

1. 电路原理图，如图 3-9 所示。

2. 电路工作情况

电源电压为 5 V；输出信号由 LED 指示；二极管 D2 为反向保护（防止电源接反）；OUT1 为 TTL 电平输出。TTL 输出有效信号为低电平，驱动能力 80 mA 左右，可直接驱动继电器、蜂鸣器、小风扇等。没有雨时候，输出为低电平，LED 灭；当热敏电阻的温度达到一定程度 LED 点亮。

3. 工作原理

电路由传感器测量电路（R_7 组成）、串联分压电路（R_{P2}、R_6 组成）、电压比较器（LM358、R_5 组成）、输出显示部分（R_2、R_3、R_4、8050、LED 组成）这几部分构成。当热敏电阻 R_1 上温度较低时，R_1 的电阻较大，R_7 上分压较小，比较器 LM358 的 2 脚电压比同相端 LM358 的 3 脚高，LM358 的 1 脚输出低电平，三极管 8050 截止，LED 不亮，输出为高电平。当热敏电阻 R_1 上温度较高时，R_7 上分的的电压变大，当比较器 LM358 的 3 脚电压比反相端 LM358 的 2 脚高，LM358 的 1 脚输出高电平，三极管 8050 导通，LED 点亮，输出为低电平。

（续表）

模块 1	测温传感器的应用

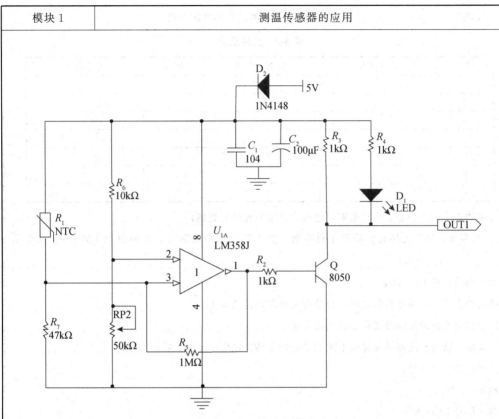

图 3-9　NTC 温度报警电路

4. 热敏电阻工作原理分析

（1）将热敏电阻用两根细导线引出，接万用表的电阻挡，浸入热水中，观察阻值的变化。

（2）将电阻 R_7（47 kΩ）与热敏电阻 R_1 按电路连接完成，并接入 5 V 电源，分别在不同的温度下测量电路输出电压，并填入表格中，对数据进行分析，以验证热敏电阻的工作原理。

表 3-2　湿敏电阻工作原理分析

$T/℃$	30	40	50	60	70
电压/V					
结论	当温度升高时，电路输出电压_____，热敏电阻两端的电压_____，根据串联分压的原理，热敏电阻的阻值_____，即热敏电阻的阻值随温度的升高而_____。				

3. 电路制造

（1）元件清点

将领取的元件进行清点，并按种类、型号填写表格。

（续表）

模块 1	测温传感器的应用

表 3-3　元件清单

序号	元件类型	型号/参数	数量	元件编号
1				
2				
3				
4				
5				
6				
…				

填写说明：①元件类型：填写电阻、电容等以说明元件的类别；

②型号/参数：填写元件的型号及主要参数，如电路中的集成运放，此项可填 LM358J；如电阻 R_1，此项可填，22 kΩ；

③元件编号：如 R_1、D_1；

④该表格在任务工单中自行绘制，行数按实际需要自己确定。

（2）根据电路原理图结合实物完成电路布局。

（3）焊接元器件。元器件在焊接上注意要合理布局，先焊小元件，后焊大元件。

（4）通电并调试电路。

①电压：5 V；

②输出信号 LED 指示；

③带有二极管反向保护（防止电源接反）；

④（OUT1）TTL 电平输出，TTL 输出有效信号为低电平，驱动能力 80 mA 左右，可直接驱动继电器，蜂鸣器，小风扇等。高电平驱动能力 4 mA 左右。灵敏度可通过电位器调节；

⑤热敏电阻和电路板是分开的，方便测温。

五、项目检查

1. 学生填写工单；

2. 教师填写评价表；

3. 学生提交实训心得。

六、项目评价

1. 小组讨论，自我评述完成情况及发生的问题，小组共同给出提升方案和效率的建议；

2. 小组准备汇报材料，每组选派一人进行汇报；

3. 老师对方案评价说明。

学生自我总结：

（续表）

模块 1	测温传感器的应用
指导老师评语：	
项目完成人签字：　　　　　　　　　　日期：　　　年　　月　　日	
指导老师签字：　　　　　　　　　　　日期：　　　年　　月　　日	

小组成员考核表（学生互评）

专业：	班级：	组号：
课程：传感器与检测技术	项目：	组长：

小组成员编号

1：	2：	3：	4：

考核标准

类别	考核项目	成员评分			
		1	2	3	4
学习能力	学习目标明确				
	有探索和创新意识、学习新技术的能力				
	利用各种资源收集并整理信息的能力				
方法能力	掌握所学习的相关知识点				
	能做好课前预习和课后复习				
	能熟练运用各种工具或操作方法				
	能熟练完成项目任务				
社会能力	学习态度积极，遵守课堂纪律				
	能与他人良好沟通，互助协作				
	具有良好的职业素养和习惯				
累计（满分100）					
小组考核成绩（作为个人考核系数）					
总评（满分100）					

注：①本表用于学习小组组长对本组成员进行评分；

②每项评分从1～10分，每人总评累计为100分；

③每个成员的任务总评＝成员评分×（小组考核成绩/100）。

项目2　热电偶的应用

项目目标

知识目标 》》》

- 了解热电偶的种类及选择；
- 掌握热电偶的工作原理、基本定理、使用及冷端补偿的方法；
- 掌握热电偶测温电路的构成及应用。

技能目标 》》》

- 能对温度传感器进行分类；
- 能根据使用的场合、测量的温度范围等选用合适类型的热电偶及配套的补偿导线；
- 能使用温度传感器及其测量电路制作实际的测温电路；
- 初步具备自动检测系统故障处理能力。

素质目标 》》》

- 培养学生合作能力；
- 培养学生获取新知识能力；
- 培养学生公共关系处理能力。

项目任务

（1）智能调节仪的使用；

（2）应用 K、E 型热电偶进行温度测量。

项目安排

步骤	教学内容及能力/知识目标	教师活动	学生活动	时间/分钟
1. 案例导入	（1）冰箱、空调的工作情景；（2）工业现场（如窑炉、钢水炉）的温度测量	教师通过多媒体演示案例	学生边听讲边思考	10
		引导学生观察，思考并回答	讨论如何实现功能	
2. 分析任务	剖析任务，介绍相关的传感器	教师通过多媒体讲解	学生边听讲边思考	100
		（1）通过理论知识介绍热电偶的种类、工作原理、测量电路以及用途；（2）介绍冷端补偿的原因与方法；（3）介绍智能调节仪的功能、按键、使用	学生讨论确定方案	
3. 任务实施	介绍智能调解仪；阅读实训指导书；连接并调试；填写任务报告书	介绍智能调解仪	学生边听讲边思考	60
		分组指导并答疑	使用智能调节仪和Pt100进行温度控制的操作	
		分组指导并答疑	K型热电偶测温	
		分组指导并答疑	E型热电偶测温	
		分组指导并答疑	如实填写任务报告书，分析设计过程中的经验，编写设计总结	
4. 任务检查与评估	对本次任务进行检查	结合学生完成的情况进行点评	学生展示测量结果，最终确定考核成绩	30

 **项目资讯**

项目简介 》》

热电偶传感器是一种将温度的变化转换为电量变化的装置，是利用敏感元件的电磁参数随温度变化的特性来达到测量的目的。它属于自发电型传感器，测量时不需要外接电源，就可以直接驱动动圈式仪表。

热电偶传感器结构简单，使用比较方便，其电极不受形状和大小的限制，可以根据需要进行选择，其测温范围较大，最低可以达到$-260\ ℃$，最高可以达到$1\ 800\ ℃$。

知识储备 ≫≫

3.2.1　热电偶传感器的工作原理

1. 热电效应

两种不同的金属导体组成闭合回路，用酒精灯加热其中的一个接触点（称为结点），发现放在回路中的指南针发生了偏转，如图 3-10 所示。如果用两个酒精灯对两个结点同时进行加热，指南针偏转的角度反而减小，由此可知闭合回路中存在电动势并且有电流产生。电流的强弱与两个结点的温差有关，这种现象称为热电效应。

这两种不同的金属导体组成的闭合回路称为热电偶。热电偶的两个结点中，温度为 t 的结点称为热端，也称为工作端；温度为 t_0 的结点称为冷端，也称为自由端或参考端。组成热电偶的金属导体称为热电极，热电偶产生的电动势称为热电动势，简称为热电势。热电势主要由温差电势和接触电势组成。

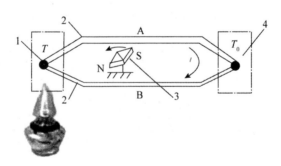

图 3-10　热电效应的原理图

1—热端；2—热电极；3—指南针；4—冷端

（1）温差电势

温差电势是由于同一种热电极两端温度不同而产生的一种电势。如果两端温度 $t > t_0$ 时，热电极内的自由电子就会从温度高的一端向温度低的一端转移，这样就会有电势的产生，如图 3-11 所示。

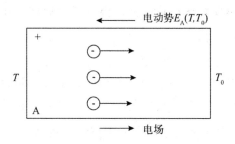

图 3-11　温差电势的产生原理

（2）接触电势

接触电势是由于热电偶回路中不同材料的热电极电子浓度不同，在结点处发生扩散而产生的。若热电极 A 和热电极 B 的电子浓度分别为 n_A、n_B，且 $n_A > n_B$，则热电极 A 扩散到热电极 B 中的电子将大于热电极 B 扩散到热电极 A 中的电子，即热电极 A 失去电子带正电，热电极 B 得到电子带负电，如图 3-12 所示。

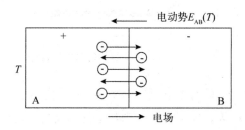

图 3-12　接触电势的产生原理

由于热电偶回路的总电势主要是由接触电势引起的，因而其近似为 $E_{AB}(t, t_0)$，如图 3-13 所示。

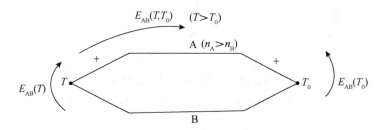

图 3-13　热电偶回路的总电势

热电偶回路的总电势的表达式为

$$E_{AB}(t, t_0) = E_{AB}(t) - E_{AB}(t_0) \tag{3-3}$$

式中，$E_{AB}(t)$ 为热端的电势（V）；$E_{AB}(t_0)$ 为冷端的电势（V）。

2. 热电偶的基本定律

在使用热电偶进行测温时，必须在热电偶回路中接入连接导线和显示仪表。为了要更准确地测量温度，不仅要懂得热电偶测温的工作原理，还要掌握热电偶的几个基本定律。

（1）均质导体定律

如果热电偶回路中的两个热电极的材料相同，不管其是否存在温差，热电偶回路中的热电势均为零；如果热电偶回路中的两个热电极的材料不同，则当热电极各处在不同温度时，热电偶回路中将产生热电势，造成测量误差。

（2）中间导体定律

如图 3-14 所示，在热电偶回路中接入中间导体 C，只要该导体两端温度相同，则该导体对热电偶回路的总电势无影响。

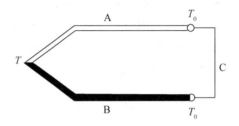

图 3-14　接入中间导体的热电偶回路

根据中间导体定律，可以在热电偶回路中接入一个电位计 E，只要保证电位计与热电偶连接处结点的温度相等，就不会影响到热电偶回路的总电势，如图 3-15 所示。

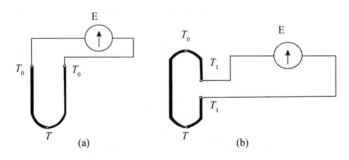

图 3-15　电位计接入热电偶回路

（a）冷端接入电位计；（b）热端与冷端之间接入电位计

（3）中间温度定律

在两种不同热电极材料组成的热电偶回路中，如果热端温度为 t，冷端温度为 t_0，中间温度为 t_n，则热电偶回路的总电势等于 t 与 t_n 热电势和 t_n 与 t_0 热电势的代数和，即

$$E_{AB}(t, t_0) = E_{AB}(t, t_n) + E_{AB}(t_n, t_0) \qquad (3\text{-}4)$$

（4）标准电极定律

如图 3-16 所示，当热电偶的热端温度为 t，冷端温度为 t_0 时，用热电极 A 和热电

极 B 组成的热电偶回路的总电势等于热电偶 AC 的热电势和热电偶 CB 的热电势的代数和，即

$$E_{AB}(t, t_0) = E_{AC}(t, t_0) + E_{CB}(t, t_0) \tag{3-5}$$

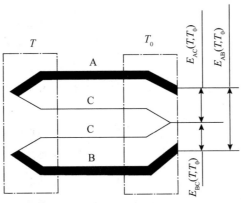

图 3-16　接入标准电极的热电偶回路

3. 热电偶的材料

按照国际计量委员会规定的《1990 年国际温标》（简称为 ITS－90）的标准，共有八种国际通用的标准热电偶，它们的特性如表 3-4 所示。

表 3-4　八种国际通用的标准热电偶的特性表

名称	分度号	测温范围 /℃	100 ℃时 的热电势 /mV	1 000 ℃时 的热电势 /mV	特点
铂铑$_{30}$－铂铑	B	50～1 820	0.033	4.834	熔点高，测温上限高，性能稳定，准确度高，价格昂贵，热电势小，线性差，只适用于高温域的测量
铂铑$_{13}$－铂	R	－50～1 768	0.647	10.506	测温上限较高，准确度高，性能稳定，复现性好，热电势较小，不能在金属蒸气和还原性气体中使用，在高温下连续使用时其特性会逐渐变坏，价格昂贵，多用于精密测量

（续表）

名称	分度号	测温范围/℃	100 ℃时的热电势/mV	1 000 ℃时的热电势/mV	特点
铂铑$_{10}$－铂	S	－50～1 768	0.646	9.587	测温上限较高，准确度高，性能稳定，复现性好，热电势较小，不能在金属蒸气和还原性气体中使用，在高温下连续使用时其特性会逐渐变坏，价格昂贵，但性能不如 R 型热电偶，曾经作为国际温标的法定标准电极
镍铬－镍硅	K	－270～1 370	4.096	41.276	热电势大，线性好，稳定性好，价格低廉，材质较硬，在高于 1 000 ℃时长期使用会引起热电势漂移，多用于工业测量
镍铬硅－镍硅	N	－270～1 300	2.774	36.256	一种新型热电偶，各项性能均比 K 型热电偶好，适用于工业测量
镍铬－康铜	E	－270～800	6.319	76.373	热电势比 K 型热电偶高一倍左右，线性好，耐高湿度，价格低廉，但不能用于还原性气体，多用于工业测量
铁－康铜	J	－210～760	5.269	57.953	价格低廉，在还原性气体中较稳定，但纯铁易被腐蚀和氧化，多用于工业测量
铜－康铜	T	－270～400	4.279	—	价格低廉，加工性能好，离散性小，性能稳定，线性好，准确度高，铜在高温时易被氧化，测温上限低，多用于低温域测量，可作为－200～0 ℃温域的计量标准

4. 热电偶的结构及种类

（1）装配式热电偶

工业中用的典型装配式热电偶是由热电极、绝缘套管、保护套管和接线盒等部分组成的，通常和显示仪表、记录仪表和电子调节器配套使用。在实验室中使用时，也可不装保护套管，以减小热惯性。装配式热电偶可直接测量生产过程中 0～1 800 ℃内的液体和气体介质以及固体表面的温度。它具有结构简单、安装空间较小、接线方便等优点，但是装配式热电偶的时间滞后、动态响应较慢、安装较困难。如图 3-17 所示为装配式热电偶的结构示意图。

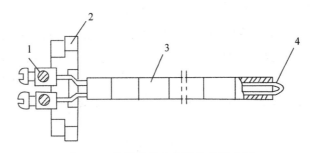

图 3-17   装配式热电偶的结构示意图

1—接线柱；2—接线座；3—绝缘套管；4—热电极

（2）铠装式热电偶

铠装式热电偶断面的结构示意图如图 3-18 所示。它是由热电极、绝缘材料、金属套管组成的。由于它的测量端形状不同，因而可分为四种形式，分别如图 3-18（a）、图 3-18（b）、图 3-18（c）和图 3-18（d）所示。

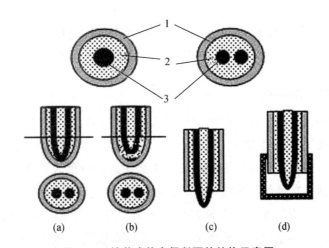

(a)   (b)   (c)   (d)

图 3-18   铠装式热电偶断面的结构示意图

（a）碰底型；（b）不碰底型；（c）露头型；（d）帽型

1—金属套管；2—绝缘材料；3—热电极

铠装式热电偶的优点是小型化（直径可取 0.25～12 mm）、寿命长、热惯性较小，使用较方便。铠装式热电偶一般用作测量温度的变送器，通常和显示仪表、记录仪表和电子调节器配套使用，同时也可以作为装配式热电偶的感温元件，以用来直接测量各种生产过程中 0～800 ℃内的液体和固体表面的温度。

铠装式热电偶的热电势随着热端温度的升高而增加，其大小只和热电极的材料及两端温差有关，和热电极的长度、直径无关。

（3）快速反应薄膜热电偶

快速反应薄膜热电偶是利用真空蒸镀的方法将两种热电极的材料蒸镀到绝缘板上。如图 3-19 所示，由于热端结点极薄（为 $0.01 \sim 0.1 \ \mu m$），因而特别适于快速测量壁面的温度。安装快速反应薄膜热电偶时，用黏结剂将其黏结在被测物体表面。目前我国研究制造的有铁-康铜快速反应薄膜热电偶和铜-康铜快速反应薄膜热电偶，这些新型热电偶的尺寸均为 $60 \ mm \times 6 \ mm \times 0.2 \ mm$，绝缘基板是用云母、陶瓷片、玻璃和酚醛塑料等组成的，测温范围在 300 ℃ 以下且反应时间为几毫秒。

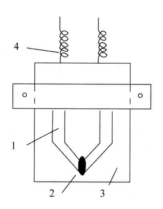

图 3-19 快速反应薄膜热电偶的结构示意图
1—热电极；2—热端结点；3—绝缘基板；4—引出线

5. 热电偶的冷端补偿

由热电偶的测温原理可知，热电偶回路的总电势是热电偶两端温度 t 和 t_0 差值的函数，当冷端温度 t_0 不发生变化时，热电偶回路的总电势将与热端温度 t 成单值的函数关系。各种热电偶温度和热电偶回路的总电势关系的分度表是在冷端温度为 0 ℃ 时作出的，所以当使用热电偶测温时，如果要直接使用热电偶，就必须满足 $t_0 = 0$ ℃。但是在实际的测量中，冷端温度经常随环境温度的变化而变化，这样就不能保证 $t_0 = 0$ ℃，因此，就会产生误差。在一般情况下，由于冷端温度 t_0 均高于 0 ℃，因而热电偶回路的总电势总是偏小。

（1）补偿导线法

在实际测温中，由于热电偶的长度有限，冷端的温度直接受到被测物体的温度和周围环境温度的影响。如果把热电偶安装在电炉壁上，并把冷端放在接线盒内，电炉壁的周围温度就会不稳定，从而会影响接线盒内的冷端温度，造成测量温度的误差。虽然可以把热电偶做得更长，但是这样将提高测量系统的成本，会很不经济，因此，在工业中一般采用补偿导线的方法来延长热电偶的冷端，使之远离高温区。

补偿导线法的接线图如图 3-20 所示。补偿导线 A′ 和 B 是两种相对比较便宜的材料

（多为铜与铜的合金）。常用的热电偶补偿导线如表 3-5 所示。

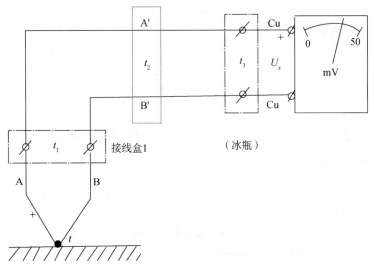

图 3-20　补偿导线法的接线图

表 3-5　常用的热电偶补偿导线

型号	配用热电偶正-负	导线外皮颜色正-负	100 ℃时的热电势/mV
RC	铂铑$_{13}$-铂	红-绿	0.647
NC	镍铬硅-镍硅	红-黄	2.744
EX	镍铬-康铜	红-棕	6.319
JX	铁-康铜	红-紫	5.264
TX	铜-康铜	红-白	4.279

（2）冷端恒温法

冷端恒温法常用于以下三种情况。

①将热电偶的冷端置于放有冰水混合物的冰瓶中，使冷端温度保持 0 ℃不变的方法称为冰浴法，其接线图如图 3-21 所示。采用这种方法可以消除冷端温度 t_0 不等于 0℃而引起的误差。由于冰融化比较快，因而一般只适合在实验室中使用。

②将热电偶的冷端置于电热恒温器中，恒温器的温度要略高于环境温度的上限。

③将热电偶的冷端置于恒温的空调房间中，使冷端温度保持恒定。

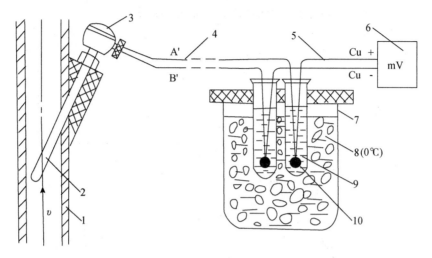

图 3-21　冰浴法的接线图

1—被测流体管道；2—热电偶；3—接线盒；4—补偿导线；5—铜质导线；

6—测温毫伏表；7—冰瓶；8—冰水混合物；9—试管；10—冷端

（3）计算修正法

若热电偶的冷端温度 $t_0 \neq 0$ ℃，则热端与冷端的温差就会随着冷端温度的变化而发生变化，因此，此时测得的热电偶回路的总电势 $E_{AB}(t, t_0)$ 与冷端温度为0℃时测得的热电偶回路的总电势 $E_{AB}(t, 0℃)$ 不相等。若冷端温度高于 0℃，则 $E_{AB}(t, t_0)$ $< E_{AB}(t, 0℃)$。计算修正法的表达式为

$$E_{AB}(t, 0℃) = E_{AB}(t, t_0) + E_{AB}(t_0, 0℃) \tag{3-6}$$

式中，$E_{AB}(t, t_0)$ 是用测温毫伏表测得的毫伏数。

计算修正时，应首先测量出冷端温度 t_0，然后在热电偶的分度表中查出 $E_{AB}(t_0, 0℃)$，并把它与利用测温毫伏表测得的 $E_{AB}(t, t_0)$ 相加。根据式（3-6）计算出 $E_{AB}(t, 0℃)$（此值就是已得到补偿的热电势），再根据此值在热电偶的分度表中查出相应温度值。如镍铬-镍硅热电偶的分度表如表 3-6 所示。计算修正法共需要查两次热电偶的分度表。如果冷端温度低于 0 ℃，而且查出的 $E_{AB}(t_0, 0℃)$ 是负值，仍可用式（3-6）计算修正。

例 3-1　用镍铬-镍硅（K 型）热电偶测炉温时，冷端温度 $t_0 = 30$ ℃，用测温毫伏表测得的热电势 $E_{AB}(t, 30℃) = 38.505$ mV，试求炉温。

解　查表 3-6 得

$$E_{AB}(30℃, 0℃) = 1.203 \text{ mV}$$

根据式（3-6）可得

$$E_{AB}(t, 0℃) = E_{AB}(t, 30℃) + E_{AB}(30℃, 0℃)$$

$$= (38.505 + 1.203) \text{ mV} = 39.708 \text{ mV}$$

表 3-6　镍铬-镍硅（K 型）热电偶的分度表

$t/℃$	0	10	20	30	40	50	60	70	80	90
−300				−6.458	−6.441	−6.404	−6.344	−6.262	−6.158	−6.035
−200	−5.891	−5.730	−5.550	−5.354	−5.341	−4.913	−4.669	−4.411	−4.138	−3.852
−100	−3.554	−3.243	−2.920	−2.587	−2.243	−1.889	−1.527	−1.156	−0.778	−0.392
0	0.000	0.397	0.798	1.203	1.612	2.023	2.436	2.851	3.267	3.682
100	4.096	4.509	4.920	5.328	5.735	6.138	6.540	6.941	7.340	7.739
200	8.138	8.539	8.940	9.343	9.747	10.153	10.561	10.971	11.382	11.795
300	12.209	12.624	13.040	13.457	13.874	14.293	14.713	15.133	15.554	15.975
400	16.397	16.820	17.243	17.667	18.091	18.561	18.941	19.366	19.792	20.218
500	20.644	21.071	21.497	21.924	22.350	22.766	23.203	23.629	24.055	24.480
600	24.905	25.330	25.755	26.179	26.602	27.025	27.447	27.869	28.289	28.710
700	29.129	29.548	29.965	30.382	30.798	31.213	31.628	32.041	32.453	32.865
800	33.275	33.685	34.093	34.501	34.908	35.313	35.718	36.121	36.524	36.925
900	37.326	37.725	38.124	38.522	38.918	39.314	39.708	40.101	40.949	40.885
1 000	41.276	41.665	42.035	42.440	42.826	43.211	43.595	43.978	44.359	44.740
1 100	45.119	45.497	45.873	46.249	46.623	46.995	47.367	47.737	48.105	48.473
1 200	48.838	49.202	49.565	49.926	50.286	50.644	51.000	51.355	51.708	52.060
1 300	52.410	52.759	53.106	53.451	53.795	54.138	54.479	54.819		

反查表 3-6，得到 $t=960℃$。

（4）电桥补偿法

电桥补偿法是利用不平衡电桥产生不平衡电压来补偿热电偶因冷端温度的变化而引起的热电偶回路的总电势的变化。如图 3-22 所示为电桥补偿法的接线图。不平衡电桥由 R_1、R_2、R_3、R_{Cu} 四个桥臂和电源组成。在设计时，要求在 0 ℃下电桥保持平衡（即 $R_1=R_2=R_3=R_{Cu}$），那么此时 $U_{ab}=0$，电桥对仪表的读数没有影响。值得注意的是，不同材料的热电偶应配有不同的冷端补偿器，桥臂 R_{Cu} 必须和热电偶的冷端靠近，使之处于同一温度下。

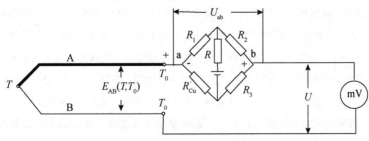

图 3-22　电桥补偿法的接线图

 项目工单

模块 3		测温传感器的应用		
项目 2		热电偶的应用	学时	4
组长		小组成员		
小组分工				

一、项目描述

1. 智能调节仪的使用;

2. K、E 型热电偶测温。

二、项目计划

1. 确定本工作任务需要使用的工具和辅助设备，填写下表。

项目名称			
各工作流程	使用的器件、工具	辅助设备	备注

三、项目决策

1. 小组讨论，分析阐述各自制订的设计制作计划，确定实施方案；

2. 老师指导确定最终方案；

3. 每组选派一位成员阐述方案。

四、项目实施

任务 1　智能调节仪的使用

1. 在控制台上的"智能调节仪"单元中"输入"选择"Pt100"，并按图 3-23 接线。

2. 将"＋24V 输出"经智能调节仪"继电器输出"，接加热器风扇电源，打开调节仪电源。

3. 按住 SET 键 3 s 以下，进入智能调节仪 A 菜单，仪表靠上的窗口显示"SU"，靠下窗口显示待设置的设定值。当"LOCK"等于 0 或 1 时使能，设置温度的设定值，按 ◀ 键可改变小数点位置，按 ▲ 或 ▼ 键可修改靠下窗口的设定值。否则提示"LCK"表示已加锁。再按 SET 键 3 s 以下，回到初始状态。

4. 按住 SET 键 3 s 以上，进入智能调节仪 B 菜单，靠上窗口显示"dAH"，靠下窗口显示待设置的上限偏差报警值。按 ◀ 键可改变小数点位置，按 ▲ 或 ▼ 键可修改靠下窗口的上限报警值。上限报警时仪表右上"AL1"指示灯亮。(参考值 0.5)

（续表）

模块 3	测温传感器的应用

5. 继续按⑧键 3 s 以下，靠上窗口显示"ATU"，靠下窗口显示待设置的自整定开关，按▲或▼键设置，"0"自整定关，"1"自整定开，开时仪表右上"AT"指示灯亮。

6. 继续按⑧键 3 s 以下，靠上窗口显示"dP"，靠下窗口显示待设置的仪表小数点位数，按◀键可改变小数点位置，按▲或▼键可修改靠下窗口的比例参数值。（参考值 1）

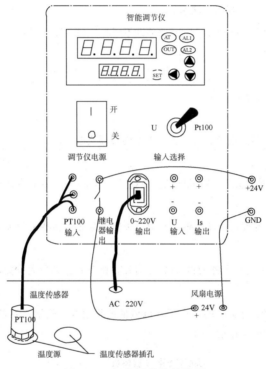

图 3-23 智能调节仪接线图

7. 继续按⑧键 3 s 以下，靠上窗口显示"P"，靠下窗口显示待设置的比例参数值，按◀键可改变小数点位置，按▲或▼键可修改靠下窗口的比例参数值。

8. 继续按⑧键 3 s 以下，靠上窗口显示"I"，靠下窗口显示待设置的积分参数值，按◀键可改变小数点位置，按▲或▼键可修改靠下窗口的积分参数值。

9. 继续按⑧键 3 s 以下，靠上窗口显示"d"，靠下窗口显示待设置的微分参数值，按◀键可改变小数点位置，按▲或▼键可修改靠下窗口的微分参数值。

10. 继续按⑧键 3 s 以下，靠上窗口显示"T"，靠下窗口显示待设置的输出周期参数值，按◀键可改变小数点位置，按▲或▼键可修改靠下窗口的输出周期参数值。

11. 继续按⑧键 3 s 以下，靠上窗口显示"SC"，靠下窗口显示待设置的测量显示误差修正参数值，按◀键可改变小数点位置，按▲或▼键可修改靠下窗口的测量显示误差修正参数值。（参考值 0）

（续表）

模块 3	测温传感器的应用

12. 继续按 SET 键 3 s 以下，靠上窗口显示"UP"，靠下窗口显示待设置的功率限制参数值，按 ◀ 键可改变小数点位置，按 ▲ 或 ▼ 键可修改靠下窗口的功率限制参数值。（参考值 100%）

13. 继续按 SET 键 3 s 以下，靠上窗口显示"LCK"，靠下窗口显示待设置的锁定开关，按 ▲ 或 ▼ 键可修改靠下窗口的锁定开关状态值，"0"允许 A、B 菜单，"1"只允许 A 菜单，"2"禁止所有菜单。继续按 SET 键 3 s 以下，回到初始状态。

14. 设置不同的温度设定值，并根据控制理论来修改不同的 P、I、d、T 参数，观察温度控制的效果。

任务 2　K 型热电偶测温

一、实验目的

了解 K 型热电偶的特性与应用。

二、实验仪器

智能调节仪、PT100、K 型热电偶、温度源、温度传感器实验模块。

三、实验内容与步骤

1. 重复实验 Pt100 温度控制实验，将温度控制在 50 ℃，在另一个温度传感器插孔中插入 K 型热电偶温度传感器。

2. 将 ±15 V 直流稳压电源接入温度传感器实验模块中。温度传感器实验模块的输出 U_{o2} 接主控台直流电压表。

3. 将温度传感器模块上差动放大器的输入端 U_i 短接，调节 R_{w3} 到最大位置，再调节电位器 R_{w4} 使直流电压表显示为零。

4. 拿掉短路线，按图 3-24 接线，并将 K 型热电偶的两根引线，热端（红色）接 a，冷端（绿色）接 b；记下模块输出 U_{o2} 的电压值。

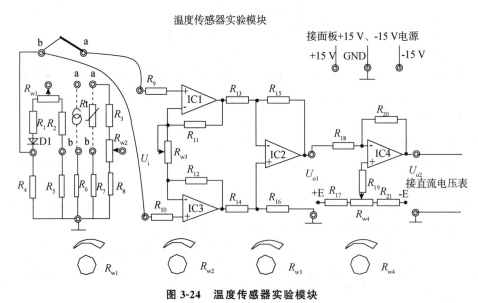

图 3-24　温度传感器实验模块

（续表）

模块 3	测温传感器的应用

5. 改变温度源的温度。每隔 5 ℃ 记下 U_{o2} 的输出值。直到温度升至 120 ℃，并将实验结果填写下表。

$T/℃$												
U_{o2}/V												

任务 3　E 型热电偶测温

一、实验目的

了解 E 型热电偶的特性与应用

二、实验仪器

智能调节仪、PT100、E 型热电偶、温度源、温度传感器实验模块。

三、实验原理

E 型热电偶传感器的工作原理同 K 型热电偶。

四、实验内容与步骤

1. 重复 Pt100 温度控制实验，将温度控制在 50 ℃，在另一个温度传感器插孔中插入 E 型热电偶温度传感器。

2. 将 ±15 V 直流稳压电源接入温度传感器实验模块中。温度传感器实验模块的输出 U_{o2} 接主控台直流电压表。

3. 将温度传感器模块上差动放大器的输入端 U_i 短接，调节 R_{w3} 到最大位置，再调节电位器 R_{w4} 使直流电压表显示为零。

4. 拿掉短路线，按图 3-24 线，并将 E 型热电偶的两跟引线，热端（红色）接 a，冷端（绿色）接 b，并记下模块输出 U_{o2} 的电压值。

5. 改变温度源温度每隔 5 ℃ 记下 U_{o2} 输出值。直到温度升至 120 ℃。将实验结果填入下表。

$T/℃$												
U_{o2}/V												

五、实验报告

1. 根据实验所得数据，作出 U_{o2}-T 曲线，分析 K 型热电偶的温度特性曲线，计算其非线性误差。

2. 根据中间温度定律和 E 型热电偶分度表，用平均值计算出差动放大器的放大倍数 A。

（续表）

模块 3	测温传感器的应用

附表　E 型热电偶分度表（分度号：E，单位：mV）

温度 /℃	热电动势 mV									
	0	1	2	3	4	5	6	7	8	9
0	0.000	0.059	0.118	0.176	0.235	0.295	0.354	0.413	0.472	0.532
10	0.591	0.651	0.711	0.770	0.830	0.890	0.950	1.011	1.071	1.131
20	1.192	1.252	1.313	1.373	1.434	1.495	1.556	1.617	1.678	1.739
30	1.801	1.862	1.924	1.985	2.047	2.109	2.171	2.233	2.295	2.357
40	2.419	2.482	2.544	2.057	2.669	2.732	2.795	2.858	2.921	2.984
50	3.047	3.110	3.173	3.237	3.300	3.364	3.428	3.491	3.555	3.619
60	3.683	3.748	3.812	3.876	3.941	4.005	4.070	4.134	4.199	4.264
70	4.329	4.394	4.459	4.524	4.590	4.655	4.720	4.786	4.852	4.917
80	4.983	5.047	5.115	5.181	5.247	5.314	5.380	5.446	5.513	5.579
90	5.646	5.713	5.780	5.846	5.913	5.981	6.048	6.115	6.182	6.250
100	6.317	6.385	6.452	6.520	6.588	6.656	6.724	6.792	6.860	6.928
110	6.996	7.064	7.133	7.201	7.270	7.339	7.407	7.476	7.545	7.614
120	7.683	7.752	7.821	7.890	7.960	8.029	8.099	8.168	8.238	8.307
130	8.377	8.447	8.517	8.587	8.657	8.827	8.842	8.867	8.938	9.008
140	9.078	9.149	9.220	9.290	9.361	9.432	9.503	9.573	9.614	9.715
150	9.787	9.858	9.929	10.000	10.072	10.143	10.215	10.286	10.358	4.429

五、项目检查

1. 学生填写任务工单；

2. 教师填写评价表；

3. 学生提交实训心得。

六、项目评价

1. 小组讨论，自我评述完成情况及发生的问题，小组共同给出提升方案和效率的建议；

2. 小组准备汇报材料，每组选派一人进行汇报；

3. 老师对方案评价说明。

学生自我总结：

指导老师评语：

（续表）

模块 3	测温传感器的应用
项目完成人签字：	日期：　　　年　　月　　日
指导老师签字：	日期：　　　年　　月　　日

小组成员考核表（学生互评）

专业：	班级：	组号：
课程：传感器与检测技术	项目：	组长：

小组成员编号

1：	2：	3：	4：

考核标准

类别	考核项目	成员评分			
		1	2	3	4
学习能力	学习目标明确				
	有探索和创新意识、学习新技术的能力				
	利用各种资源收集并整理信息的能力				
方法能力	掌握所学习的相关知识点				
	能做好课前预习和课后复习				
	能熟练运用各种工具或操作方法				
	能熟练完成项目任务				
社会能力	学习态度积极，遵守课堂纪律				
	能与他人良好沟通，互助协作				
	具有良好的职业素养和习惯				
累计（满分 100）					
小组考核成绩（作为个人考核系数）					
总评（满分 100）					

注：①本表用于学习小组组长对本组成员进行评分；

②每项评分从 1～10 分，每人总评累计为 100 分；

③每个成员的任务总评＝成员评分×（小组考核成绩/100）。

模块 4　测力传感器的应用

////////////

💡 知识点

- 掌握压力传感器的选型知识;
- 理解应变式压力传感器、压电传感器的工作原理、类型及应用;
- 掌握测量电路的工作原理。

📃 技能点

- 能对测力传感器进行分类;
- 能根据使用的场合、测量的范围等选用合适的测力传感器;
- 使用压电片及其测量电路制作振动传感器;
- 能应用应变片构建三种电桥电路,并知道这三种工作方式的特点。

🔧 模块学习目标

在工业生产一线,建筑行业以及人们的日常生活中,都会涉及力/压力——这样一个重要工艺参数的测量。因此,如何选用合适的测力传感器,正确的测量和控制力/压力就成为生产工程顺利进行、监控建筑物的质量、部分家用电器正常工作的基本保障,同时也是高效优产、节能降耗、安全生产的重要一环。

工业上常用的力/压力测量方法有液柱式测压法、弹性变形法、电气式测压法、负荷式测压法四种,目前使用较多的是电气式测压法,利用敏感元件将被测压力直接变换为各种电量来进行测量,如电阻、电荷量等。本模块重点学习两种测力传感器——电阻应变式和压电式。通过学习了解如何根据使用环境、所测力的大小等因素选用合适的测力传感器,理解应变式、压电式传感器的工作原理、特性、应用等方面的知识,学会应用相应传感器构成测量系统。

项目 1　电阻应变片的应用

 项目目标

知识目标 》》

- 掌握压力传感器的选型知识；
- 理解应变式压力传感器的工作原理及应用；
- 掌握测量电路设计。

技能目标 》》

- 能对测力传感器进行分类；
- 能根据使用的场合、测量的范围等选用合适的测力传感器；
- 使用应变式压力传感器及其测量电路。

素质目标 》》

- 培养学生合作能力；
- 培养学生获取新知识能力；
- 培养学生公共关系处理能力。

 项目任务

（1）应变片的粘贴；
（2）电桥三种工作方式的测量及比较；
（3）电阻应变片称重电路制作与调试。

 **项目安排**

步骤	教学内容及能力/知识目标	教师活动	学生活动	时间/分钟
1. 案例导入	(1) 人体秤称重；(2) 公路超限站地磅称重	教师通过多媒体演示任务运行	学生边听讲边思考	10
		引导学生观察，思考并回答	讨论如何实现功能	
2. 分析任务	剖析任务，介绍相关的传感器	教师通过多媒体讲解必要的理论知识	学生边听讲边思考	100
		(1) 通过理论知识介绍电阻应变式传感器、压电传感器的种类、工作原理、测量电路以及用途；(2) 列举多种方案，并对方案给予比较	学生讨论确定方案	
3. 任务实施	确定电路；选择所用器件；制作并调试；填写任务报告书	视频观摩	学生边听讲边思考	200
		分组指导并答疑	学生根据要求完成应变片的粘贴	
		分组指导并答疑	应用传感器实训台和电阻应变式实训模块进行单臂电桥的连接和测试。	
		分组指导并答疑	应用传感器实训台和电阻应变式实训模块进行双臂电桥的连接和测试	
		分组指导并答疑	应用传感器实训台和电阻应变式实训模块进行四臂电桥的连接和测试	
		分组指导并答疑	如实填写任务报告书，分析电桥三种工作方式的特点，编写实训报告书	

（续表）

步骤	教学内容及能力/知识目标	教师活动	学生活动	时间/分钟
4. 任务检查与评估	对本次任务进行检查	结合学生完成的情况进行点评	学生展示测量和分析结果，最终确定考核成绩	30

项目简介 ▶▶▶

　　电阻应变式传感器可用于测量力、力矩、压力、加速度和质量等参数。它是利用应变效应制造的一种测量微小变化量的理想传感器。

知识储备 ▶▶▶

4.1.1　电阻应变式传感器的工作原理

　　导体或半导体材料在外力作用下产生机械变形，其电阻发生变化的现象称为应变效应。电阻应变片就是利用这一现象制成的。

　　一根金属电阻丝未受力时，其初始电阻为

$$R = \rho \frac{l}{A} \tag{4-1}$$

式中，ρ 为电阻丝的电阻率（$\Omega \cdot m$）；l 为电阻丝的长度（m）；A 为电阻丝的横截面积（m^2）。

　　如图 4-1 所示，当电阻丝受拉力 F 作用时，将伸长 Δl，横截面积相应地减小 ΔA，电阻率将因晶格发生变形等因素而改变 $\Delta \rho$，故引起电阻值的相对变化量为

$$\frac{\Delta R}{R} = \frac{\Delta l}{l} - \frac{\Delta A}{A} + \frac{\Delta \rho}{\rho} \tag{4-2}$$

式中，$\Delta l / l$ 为电阻丝长度的相对变化量，也可称为电阻丝的轴向应变，用 ε 表示，即 $\varepsilon = \Delta l / l$；$\Delta A / A$ 为电阻丝横截面面积的相对变化量；$\Delta \rho / \rho$ 为电阻丝电阻率的相对变化量。

　　对于半径为 r 的电阻丝，横截面面积 $A = \pi r^2$，则有 $dA = 2\pi r dr$，由此可得

$$\frac{\Delta A}{A} = \frac{2\Delta r}{r} \tag{4-3}$$

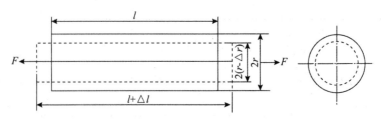

图 4-1 电阻丝的拉伸

在弹性范围内金属丝受拉力时，沿轴向伸长，沿径向缩短，则轴向应变与径向应变的关系为

$$\frac{\Delta r}{r} = -\mu \frac{\Delta l}{l} = -\mu \varepsilon \qquad (4\text{-}4)$$

式中，μ 为电阻丝材料的泊松比。

由 $\varepsilon = \Delta l / l$ 及式（4-2）至式（4-4）可得

$$\frac{\Delta R}{R} = (1 + 2\mu)\varepsilon + \frac{\Delta \rho}{\rho} = \left[(1 + 2\mu) + \frac{\frac{\Delta \rho}{\rho}}{\varepsilon}\right]\varepsilon = k\varepsilon \qquad (4\text{-}5)$$

式中，k 为电阻丝的灵敏度。

对于不同的金属材料，电阻丝的灵敏度 k 略有不同，一般为 2 左右。而对于半导体材料而言，由于其感受到应变时，电阻率会产生很大变化，因此，其灵敏度比金属材料大几十倍。

严格来讲，由于电阻丝与应变片之间存在蠕变等影响，因此，这两者的应变是有差异的。但这差异并不很大，工程上允许忽略。

4.1.2 电阻应变片的类型结构、粘贴与特性

1. 电阻应变片的类型结构

根据所使用的材料不同，电阻应变片可分为金属电阻应变片和半导体应变片。

（1）金属电阻应变片

金属电阻应变片又可分为金属丝式应变片、金属箔式应变片和金属薄膜式应变片。

①金属丝式应变片。金属丝式应变片是由敏感栅、基片、覆盖层和引线等部分组成的，如图 4-2 所示。其中，敏感栅是金属丝式应变片实现应变（电阻转换）的最重要的传感元件，一般采用的栅丝直径为 $0.015 \sim 0.05\text{mm}$。它粘贴在绝缘的基片上，其上再粘贴起保护作用的覆盖层，两端焊接引出导线。

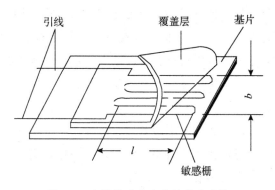

图 4-2　金属丝式应变片的基本结构

②金属箔式应变片。金属箔式应变片的基本结构如图 4-3 所示。它是利用光刻、腐蚀等工艺制成的一种很薄的金属箔栅，其横向部分特别粗，可大大减小横向效应，且敏感栅的粘贴面积大，能更好地随同被测物体变形。此外与金属丝式应变片相比，它还具有散热条件好，允许通过的电流较大，可制成各种所需的形状，便于批量生产等优点，所以其使用范围日益扩大，已逐渐取代金属丝式应变片。

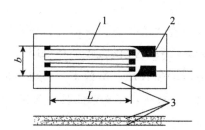

图 4-3　金属箔式应变片的基本结构

1—敏感栅；2—基片；3—引线

③金属薄膜式应变片。金属薄膜式应变片是采用真空蒸发或真空沉淀等方法在薄的绝缘基片上形成 $0.1~\mu m$ 以下的金属电阻薄膜的敏感栅，最后再加上保护层。它的优点是应变灵敏度系数大、允许电流密度大、工作范围广。

（2）半导体应变片

半导体应变片是用半导体材料制成的，其工作原理是基于半导体材料的压阻效应。所谓压阻效应是指半导体材料在某一轴向受外力作用时，其电阻率 ρ 发生变化的现象。它的突出优点是灵敏度高、尺寸小、横向效应小、动态响应好。但它有温度系数大，应变时非线性关系比较严重等缺点。

2. 电阻应变片的粘贴

电阻应变片通常用黏合剂粘贴到被测物体或电阻应变式传感器的弹性元件上。在测试被测量时，黏合剂所形成的胶层起着非常重要的作用。它要正确无误地将被测物体或弹性元件的应变传递到电阻应变片的敏感栅上去。黏合剂的性能和粘贴工艺在很大程度上影响着电阻应变片的工作特性，如蠕变、零点漂移、滞后、灵敏度、线性度以及这些特性随时间或温度变化的程度。因此，不仅要选择性能良好的电阻应变片，还应注重黏合剂的选择（与电阻应变片的选择密切相关）和粘贴工艺。

（1）应变片的检查

应变片的检查包括外观检查和电阻检查。

①外观检查。检查敏感栅排列是否整齐、均匀、破损，引出线是否焊接牢固等。

②电阻检查。电阻检查要准确到 $0.05\ \Omega$。

（2）被测物体的表面处理

为了保证一定的黏合强度，须将被测物体表面处理干净，清除杂质、油污和表面氧化层。粘贴表面应保持平整、光滑。粘贴表面面积为应变片的 $3\sim5$ 倍。

（3）确定贴片位置

可用笔在被测物体表面划出定位线，粘贴时应使电阻应变片中心线与定位线对准。要求精密时，可以用光学投影的方法来确定贴片位置。

（4）粘贴应变片

首先用甲苯、丙酮等溶剂清洗被测物体表面，然后在清洗过的表面上均匀地涂一薄层黏合剂作为底层。待其晾干后，再在此底层和电阻应变片基片的底面（也要先用溶剂清洗）各涂一层薄而均匀的黏合剂，待稍干后将电阻应变片贴在划线处，在电阻应变片上放一张玻璃纸，用手指按压，将多余的黏合剂和气泡挤出。

（5）黏合剂的固化处理

贴好电阻应变片后，根据所使用黏合剂的固化工艺要求进行固化处理。

（6）粘贴质量检查

检查粘贴位置是否正确，黏合层是否有气泡和漏贴，敏感栅是否有短路和断路现象，以及敏感栅绝缘性能是否良好等。

（7）引出线的焊接与防护

检查合格后即可焊接引出线。电阻应变片的引出线最好采用中间连接片引出，并加以固定。为保证电阻应变片工作的长期稳定性，应采取防潮措施，如在电阻应变片及其引线上涂以石蜡、环氧树脂等防护层。

3. 电阻应变片的特性

（1）电阻应变片的横向效应

当将如图 4-4 所示的电阻应变片粘贴在被测物体上时，由于其敏感栅是由 N 条长度为 l 的直线段和直线段端部的 $(N-1)$ 个半径为 r 的半圆圆弧组成的，若该应变片承受轴向应力而产生纵向拉应变 ε_x 时，则各直线段的电阻将增加，但半圆则受到从 ε_x 到 $-\mu\varepsilon_x$ 之间变化的应变，其电阻的变化将小于沿轴向安放的同样长度电阻丝电阻的变化，因而将直的电阻丝绕成敏感栅后，虽然长度不变，应变状态相同，但由于电阻应变片敏感栅的电阻变化减小，因而其灵敏度较整个电阻丝的灵敏度要小，这种现象称为电阻应变片的横向效应。

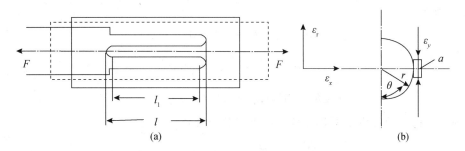

图 4-4 电阻应变片的轴向受力图及横向效应图

为了减小电阻应变片横向效应产生的测量误差，现在一般多采用金属箔式应变片。

（2）电阻应变片的初始电阻

电阻应变片未粘贴时，在室温下所测得的电阻称为电阻应变片的初始电阻，用符号 R_0 表示。一般情况下，R_0 越大，其允许的工作电压也越大，有利于灵敏度的提高。R_0 的阻值常用的有 60 Ω、120 Ω、250 Ω、350 Ω 和 1 000 Ω 等，其中以 120 Ω 最为常用。

（3）电阻应变片的温度误差及补偿

电阻应变片的敏感栅是由金属或半导体材料制成的，在工作时能感受应变。又因为应变会引起电阻值变化，所以要想提高测量精度，就必须消除或减小温度的影响。下面分析产生温度误差的原因及温度补偿方法。

①产生温度误差的原因。用作测量应变的电阻应变片，希望其阻值仅随应变变化，而不受其他因素的影响。实际上，电阻应变片的阻值受环境温度（包括被测物体的温度）的影响很大。因环境温度改变而引起电阻变化主要有两个因素：其一是电阻应变片的电阻丝具有一定温度系数，其二是电阻丝材料与被测物体的线膨胀系数不同。

当温度变化为 Δt，敏感栅材料的电阻温度系数为 α 时（即 1 Ω 的电阻值当温度变化 1 ℃时的改变量），则引起电阻的相对变化为

$$\Delta R_{ta} = R_t - R_0 = R_0 \alpha \Delta t \tag{4-6}$$

式中，R_t 为温度为 t℃时的电阻值（Ω），且 $R_t = R_0(1 + \alpha \Delta t)$；$R_0$ 为温度为 t_0℃时的电阻值（Ω）。

另外，当温度变化 Δt ℃时，由于电阻应变片敏感栅材料和被测物体材料的膨胀系数不同，电阻应变片产生附加的拉长（或压缩），引起电阻的相对变化。

设电阻丝和被测物体在温度为 0 ℃时的长度均为 l_0，线膨胀系数分别为 β_s 和 β_g，若两者不粘贴，则它们的长度分别为

$$l_s = l_0(1 + \beta_s \Delta t) \tag{4-7}$$

$$l_g = l_0(1 + \beta_g \Delta t) \tag{4-8}$$

当两者粘贴在一起时，电阻丝产生的附加变形 Δl、附加应变 ε_β 和附加电阻变化 $\Delta R_{t\beta}$ 分别为

$$\Delta l = l_g - l_s = (\beta_g - \beta_s) l_0 \Delta t \tag{4-9}$$

$$\varepsilon_{t\beta} = \frac{\Delta l}{l_0} = (\beta_g - \beta_s) \Delta t \tag{4-10}$$

$$\Delta R_{t\beta} = R_0 k \varepsilon_{t\beta} = R_0 k (\beta_g - \beta_s) \Delta t \tag{4-11}$$

因此，由于环境温度变化形成总的电阻相对变化为

$$\frac{\Delta R_t}{R_0} = \frac{\Delta R_{t\alpha} + \Delta R_{t\beta}}{R_0} = \alpha \Delta t + k (\beta_g - \beta_s) \Delta t \tag{4-12}$$

②温度补偿方法。通常采用线路补偿法和电阻应变片的自补偿法，对电阻应变片的温度误差进行补偿。

线路补偿法。电桥补偿法是最常用的且效果较好的线路补偿法。如图 4-5 所示为电桥补偿法的原理图。图中 R_1 为工作应变片，R_B 为补偿应变片，R_3 和 R_4 为固定电阻，且 $R_3 = R_4$。工作应变片 R_1 粘贴在被测物体上需要测量应变的地方，补偿应变片 R_B 粘贴在补偿块上，与被测物体温度相同，但不承受应变。

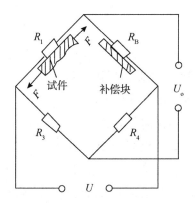

图 4-5 电桥补偿法的原理图

电桥输出电压 U_o 与桥臂电阻的关系为

$$U_o = A(R_1 R_4 - R_B R_3) \tag{4-13}$$

式中，A 为由电桥输出电压和桥臂电阻所决定的常数。

由式（4-13）可知，当 R_3 和 R_4 为常数时，R_1 和 R_B 对电桥输出电压 U_o 的作用方向相反。利用这一基本关系可实现对温度的补偿。

当被测物体不承受应变时，R_1 和 R_B 又处于同一环境温度为 t ℃的温度场中，调整桥臂电阻，使之达到平衡，即

$$U_\circ = A(R_1 R_4 - R_B R_3) = 0 \tag{4-14}$$

工程上，一般按 $R_1 = R_B = R_3 = R_4$ 来选取桥臂电阻。当温度变化 $\Delta t = t_0 - t$ 时，R_1 和 R_B 两个电阻应变片因温度变化而引起的电阻变化量相等，电桥仍处于平衡状态，即

$$U_\circ = A [(R_1 + \Delta R_1 t) R_4 - (R_B + \Delta R_B t) R_3] = 0 \tag{4-15}$$

若此时被测物体有应变 ε 的作用，则工作应变片 R_1 的阻值又有新的增量，即 $\Delta R_1 = R_1 k \varepsilon$，而补偿应变片因 R_B 不承受应变，故不产生新的增量，此时电桥输出电压为

$$U_\circ = AR_1 R_4 k \varepsilon \tag{4-16}$$

由式（4-16）可知，电桥的输出电压 $U_\circ$ 仅与被测物体的应变 ε 有关，而与环境温度无关。应当指出，若要实现完全补偿，上述分析过程必须满足以下三个条件：

a. R_1 和 R_B 两个应变片应具有相同的电阻温度系数 α、膨胀系数 β、灵敏度 k 和初始电阻 R_0。

b. 粘贴在补偿应变片 R_B 上补偿块的材料和粘贴在工作应变片 R_1 上被测物体的材料必须一样，两者的膨胀系数必须相同。

c. R_1 和 R_B 两个应变片应处于同一温度场中。

此方法的优点是简单易行，且能在较大的温度范围内实现补偿；缺点是上述三个条件不易满足，尤其是第三个条件，由于温度梯度变化大，因而 R_1 和 R_B 两个应变片很难处于同一温度场中。

电阻应变片的自补偿法。当温度发生变化时，电阻应变片自身的阻值为零，这种特殊的电阻应变片称为自补偿电阻应变片。

由式（4-15）可知，欲使 $\Delta R_t / R_0$ 不受 Δt 的影响，需满足

$$\alpha = -k(\beta_g - \beta_s) \tag{4-17}$$

因此，当被测物体材料的线膨胀系数 β_g 已知时，如果合理选择电阻应变片的敏感栅材料，使其电阻温度系数 α、灵敏度 k 以及线膨胀系数 β_s 之间的关系满足式（4-17），则不论温度如何变化，均有 $\Delta R_t / R_0 = 0$，进而达到了温度自补偿的目的。

此方法的特点是容易加工，成本低；缺点是只适用特定材料，温度补偿范围较窄。

4.1.3　电阻应变式传感器的测量转换电路

电阻应变片的电阻变化范围很小，如果直接用欧姆表测量其阻值的变化是十分困难的。要把因微小应变引起的微小电阻的变化测量出来，同时还要把电阻相对变化 $\Delta R / R$ 转换为电压或电流的变化，就需要有专门用于测量应变变化而引起电阻变化的测量电路，通常采用桥式测量转换电路。按电源性质可分为交流电桥和直流电桥；按桥臂工作数量可分为单臂工作桥、双臂半桥和四臂全桥。下面以直流电桥为例分析其

工作原理及特性，如图 4-6 所示为直流电桥式测量转换电路。

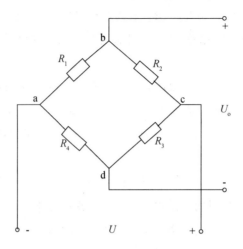

图 4-6　直流电桥式测量转换电路

直流电桥的一个对角点为输入电源电压 U，另一个对角点为输出电压 U_o。R_1、R_2、R_3 和 R_4 为桥臂电阻。

当负载电阻为无限大时，直流电桥的输出电压 U_o 为

$$U_o = U\left(\frac{R_1}{R_1 + R_2} - \frac{R_4}{R_3 + R_4}\right) \qquad (4\text{-}18)$$

当直流电桥平衡时，$U_o = 0$，则有

$$\frac{R_1}{R_2} = \frac{R_4}{R_3} \qquad (4\text{-}19)$$

当每个桥臂的变化电阻值 ΔR_i 远小于 R_i，直流电桥负载电阻为无限大时，直流电桥输出电压可近似表示为

$$U_o = \frac{R_1 R_2}{(R_1 + R_2)^2}\left(\frac{\Delta R_1}{R_1} - \frac{\Delta R_2}{R_2} + \frac{\Delta R_3}{R_3} - \frac{\Delta R_4}{R_4}\right)U \qquad (4\text{-}20)$$

通常采用全等桥臂形式工作，即初始值 $R_1 = R_2 = R_3 = R_4$，则式（4-20）可变为

$$U_o = \frac{U}{4}\left(\frac{\Delta R_1}{R_1} - \frac{\Delta R_2}{R_2} + \frac{\Delta R_3}{R_3} - \frac{\Delta R_4}{R_4}\right) \qquad (4\text{-}21)$$

当各桥臂的应变片灵敏度 k 都相同时，则式（4-21）可变为

$$U_o = \frac{U}{4}k(\varepsilon_1 - \varepsilon_2 + \varepsilon_3 - \varepsilon_4) \qquad (4\text{-}22)$$

电阻应变片接入电桥电路通常有以下几种工作方式：

（1）单臂桥工作方式。单臂桥工作方式是指电桥一个桥臂接入应变片，其他三个桥臂采用固定电阻。若 R_1 为受力应变片，其余各桥臂为固定电阻，则式（4-21）可变为

$$U_{\circ} = \frac{U}{4} \frac{\Delta R_1}{R_1} = \frac{U}{4} k \varepsilon_1 \tag{4-23}$$

（2）半桥工作方式。半桥工作方式是指电桥两个桥臂接入应变片。若 R_1、R_2 为受力应变片，R_3、R_4 为固定电阻，则式（4-21）可变为

$$U_{\circ} = \frac{U}{4} \left(\frac{\Delta R_1}{R_1} - \frac{\Delta R_2}{R_2} \right) = \frac{U}{4} k(\varepsilon_1 - \varepsilon_2) \tag{4-24}$$

（3）全桥工作方式。全桥工作方式是指电桥四个桥臂都接入应变片。若电桥的四个桥臂都为应变片，此时电桥输出电压的公式就是式（4-21），这种方式灵敏度最高。

在使用式（4-21）时，应注意电阻值的变化和应变值的符号。ε_1、ε_2、ε_3、ε_4 既可以是被测物体的纵向应变，又可以是被测物体的横向应变，它取决于应变片的粘贴方向。若是压应变，ε 应以负值代入；若是拉应变，ε 应以正值代入。

由式（4-23）和式（4-24）可知，电桥的输出电压 $U_{\circ}$ 与电阻值的变化 $\Delta R_i / R_i$ 以及应变值 ε 成正比。但上面讨论的各式都是在式（4-20）的基础上求得的，而式（4-20）只是一个近似式，对于单臂桥工作方式，实际输出 $U_{\circ}$ 与电阻变化值及应变之间存在一定的非线性关系。当应变值较小时，非线性关系可以忽略；而对半导体应变片，尤其在测大应变时，非线性关系则不可忽略。对于半桥工作方式，两应变片处于差分工作状态，即一个应变片感受正应变，另一个应变片感受负应变，经推导可证明理论上不存在非线性关系。全桥工作方式也是如此。因此，在实际使用时，应尽量采用这两种工作方式。此外，采用恒流源作为桥路电源也能减小非线性误差。

 **项目工单**

模块 4	测力传感器的应用		
项目 1	电阻应变片的应用	学时	8
组长		小组成员	
小组分工			
一、项目描述			
1. 应变片的粘贴； 2. 电桥三种工作方式的测量及比较； 3. 电阻应变片称重电路制作与调试。			
二、项目计划			
1. 确定本工作任务需要使用的工具和辅助设备，填写下表。			

模块 4	测力传感器的应用		
项目名称			
各工作流程	使用的器件、工具	辅助设备	备注

三、项目决策

1. 分小组讨论，分析阐述各自制订的设计制作计划，确定实施方案；

2. 老师指导确定最终方案；

3、每组选派一位成员阐述方案。

四、项目实施

任务 1　金属箔式应变片——单臂电桥性能实训

一、实训目的

了解金属箔式应变片的应变效应，单臂电桥工作原理和性能。

二、实训仪器

应变传感器实训模块、托盘、砝码、数显电压表、±15 V、±4 V 电源、万用表（自备）。

三、实训原理

电阻丝在外力作用下发生机械变形时，其电阻值发生变化，这就是电阻应变效应，描述电阻应变效应的关系式为

$$\frac{\Delta R}{R} = k \cdot \varepsilon \qquad (4\text{-}25)$$

式中，$\Delta \frac{R}{R}$ 为电阻丝电阻相对变化；k 为应变灵敏系数；$\varepsilon = \Delta \frac{l}{l}$ 为电阻丝长度相对变化。

金属箔式应变片就是通过光刻、腐蚀等工艺制成的应变敏感组件。如图 4-7 所示，将四个金属箔应变片分别贴在双孔悬臂梁式弹性体的上下两侧，弹性体受到压力发生形变，应变片随弹性体形变被拉伸，或被压缩。

模块 4	测力传感器的应用

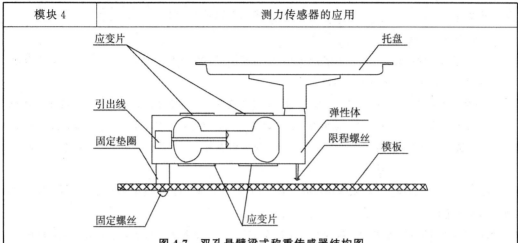

图 4-7 双孔悬臂梁式称重传感器结构图

通过这些应变片转换弹性体被测部位受力状态变化，电桥的作用完成电阻到电压的比例变化，如图 4-8 所示 $R_5 = R_6 = R_7 = R$ 为固定电阻，与应变片一起构成一个单臂电桥，其输出电压

$$U_\circ = \frac{E}{4} \cdot \frac{\Delta R/R}{1 + \frac{1}{2} \cdot \frac{\Delta R}{R}} \tag{4-26}$$

式中，E 为电桥电源电压。

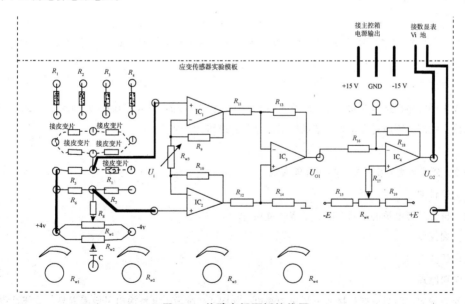

图 4-8 单臂电桥面板接线图

式（4-26）表明单臂电桥输出为非线性，非线性误差为 $L = -\frac{1}{2}\frac{R}{R} \cdot 100\%$。

模块 4	测力传感器的应用

四、实训内容与步骤

1. 应变传感器上的各应变片已分别接到应变传感器模块左上方的 R_1、R_2、R_3、R_4 上，可用万用表测量判别，$R_1 = R_2 = R_3 = R_4 = 350\ \Omega$。

2. 差动放大器调零。从主控台接入 $\pm 15\ V$ 电源，检查无误后，合上主控台电源开关，将差动放大器的输入端 U_i 短接并与地短接，输出端 U_{o2} 接数显电压表（选择 2 V 挡）。将电位器 R_{w4} 调到增益最大位置（顺时针转到底），调节电位器 R_{w3} 使电压表显示为 0 V。关闭主控台电源。（R_{w3}、R_{w4} 的位置确定后不能改动）

3. 按图 4-8 连线，将应变式传感器的其中一个应变电阻（如 R_1）接入电桥与 R_5、R_6、R_7 构成一个单臂直流电桥。

4. 加托盘后电桥调零。电桥输出接到差动放大器的输入端 U_i，检查接线无误后，合上主控台电源开关，预热五分钟，调节 R_{w1} 使电压表显示为零。

5. 在应变传感器托盘上放置一只砝码，读取数显表数值，依次增加砝码和读取相应的数显表值，直到 200 g 砝码加完，记下实训结果，填写下表。

6. 实训结束后，关闭实训台电源，整理好实训设备。

五、实训报告

1. 根据实训所得数据计算系统灵敏度 $S = \Delta U / \Delta W$（ΔU 输出电压变化量，ΔW 质量变化量）；

2. 计算单臂电桥的非线性误差

$$\delta_{f1} = \Delta m / y_{F\cdot s} \times 100\%$$

式中，Δm 为输出值（多次测量时为平均值）与拟合直线的最大偏差；$y_{F\cdot s}$ 为满量程（200 g）输出平均值。

六、注意事项

实训所采用的弹性体为双孔悬臂梁式称重传感器，量程为 1 kg，最大超程量为 120%。因此，加在传感器上的压力不应过大，以免造成应变传感器的损坏。

任务 2 金属箔式应变片——半桥性能实训

一、实训目的

比较半桥与单臂电桥的不同性能、了解其特点。

二、实训仪器

同实训任务 1。

三、实训原理

不同受力方向的两只应变片接入电桥作为邻边，如图 4-9 所示。电桥输出灵敏度提高，非线性得到改善，当两只应变片的阻值相同、应变数也相同时，半桥的输出电压为

$$U_o = \frac{E \cdot k \cdot \varepsilon}{2} = \frac{E}{2} \cdot \Delta \frac{R}{R} \qquad (4\text{-}27)$$

（续表）

模块 4	测力传感器的应用

式中，$\dfrac{\Delta R}{R}$ 为电阻丝电阻相对变化；k 为应变灵敏系数；$\varepsilon = \Delta \dfrac{l}{l}$ 为电阻丝长度相对变化；E 为电桥电源电压。

式（4-27）表明，半桥输出与应变片阻值变化率呈线性关系。

四、实训内容与步骤

1. 应变传感器已安装在应变传感器实训模块上，可参考图 4-7。

2. 差动放大器调零，参考实训任务 1 的步骤 2。

3. 按图 4-9 接线，将受力相反（一片受拉，一片受压）的两只应变片接入电桥的邻边。

4. 加托盘后电桥调零，参考实训任务 1 的步骤 4。

5. 在应变传感器托盘上放置一只砝码，读取数显表数值，依次增加砝码和读取相应的数显表值，直到 200 g 砝码加完，记下实训结果。

6. 实训结束后，关闭实训台电源，整理好实训设备。

五、实训报告

根据所得实训数据，计算灵敏度 $L = \Delta U / \Delta W$ 和半桥得非线性误差 δ_{f2}。

六、思考题

引起半桥测量时非线性误差的原因是什么？

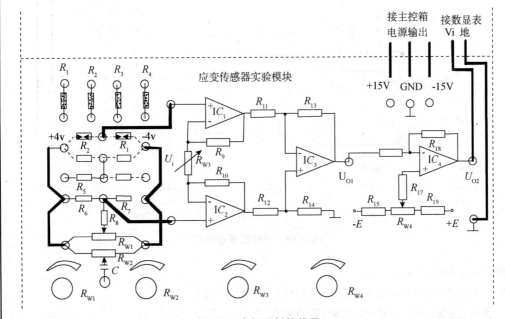

图 4-9　半桥面板接线图

（续表）

模块 4	测力传感器的应用

任务 3　金属箔式应变片——全桥性能实训

一、实训目的

了解全桥测量电路的优点。

二、实训仪器

同实训任务 1。

三、实训原理

全桥测量电路中，将受力性质相同的两只应变片接到电桥的对边，不同的接入邻边，如图 4-10 所示，当应变片初始值相等，变化量也相等时，其桥路输出

$$U_\circ = E \cdot \frac{\Delta R}{R} \tag{4-28}$$

式中，E 为电桥电源电压；$\Delta \frac{R}{R}$ 为电阻丝电阻相对变化。

式（4-28）表明，全桥输出灵敏度比半桥又提高了一倍，非线性误差得到进一步改善。

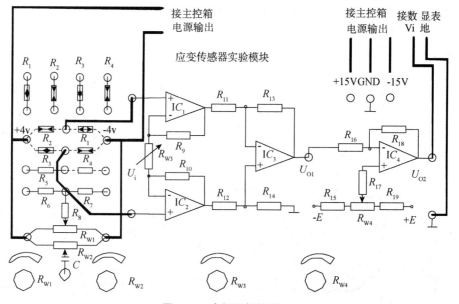

图 4-10　全桥面板接线图

四、实训内容与步骤

1. 应变传感器已安装在应变传感器实训模块上，可参考图 4-7。

2. 差动放大器调零，参考实训任务 1 的步骤 2。

3. 按图 4-10 接线，将受力相反（一片受拉，一片受压）的两对应变片分别接入电桥的邻边。

4. 加托盘后电桥调零，参考实训任务 1 的步骤 4。

（续表）

模块4	测力传感器的应用

5. 在应变传感器托盘上放置一只砝码，读取数显表数值，依次增加砝码和读取相应的数显表值，直到 200 g 砝码加完，记下实训结果，填写下表。

6. 实训结束后，关闭实训台电源，整理好实训设备。

五、实训报告

根据实训数据，计算灵敏度 $L = \Delta U / \Delta W$ 和全桥的非线性误差 δ_{f3}。

六、思考题

全桥测量中，当两组对边（R_1、R_3 为对边）电阻值 R 相同时，即 $R_1 = R_3$，$R_2 = R_4$，而 $R_1 \neq R_2$ 时，是否可以组成全桥？

任务4　金属铂式应变片单臂、半桥、全桥性能比较实训

一、实训目的

比较单臂、半桥、全桥输出时的灵敏度和非线性度，得出相应的结论。

二、实训仪器

同实训任务1。

三、实训原理

在受力性质相同的情况下，单臂电桥电路的输出只有全桥电路输出的 1/4，而且输出与应变片阻值变化率存在线性误差；半桥电路的输出为全桥电路输出的 1/2。半桥电路和全桥电路输出与应变片阻值变化率成线性。

四、实训内容与步骤

1. 重复单臂电桥实训，将实训数据记录在下表中。

2. 保持差动放大电路不变，将应变电阻连接成半桥和全桥电路，做半桥和全桥性能实训，并将实训数据记录在下表中。

质量/g									
电压/mV									单臂
									半桥
									全桥

3. 实训结束后，关闭实训台电源，整理好实训设备。

五、实训报告

根据记录的实训数据，计算并比较三种电桥的灵敏度和非线性误差，将得到的结论与理论计算进行比较。

任务5　电阻应变片简易称重电路制作与调试

1. 实训目的

(1) 掌握检测系统的组成，并了解检测系统各部分的作用。

（续表）

模块 4	测力传感器的应用

（2）掌握传感器相关电路的分析和调试技能。

（3）掌握电路故障的分析及处理能力。

2. 实训电路

如图 4-11 所示为电阻应变式简易称重电路。

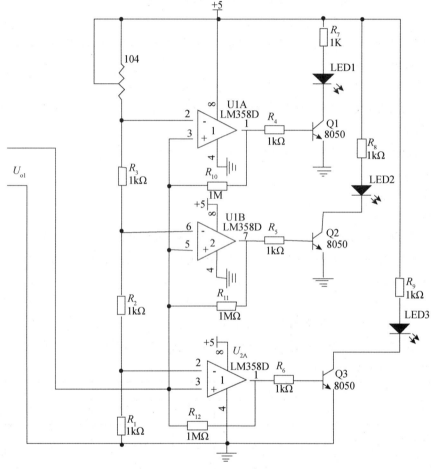

图 4-11　电阻应变式简易称重电路

3. 制作要求

（1）此电路为上一个项目的延续，电路的输入电压为四臂全桥的输出电压，当应变传感器实训模块中取 U_{O1} 为输出电压时，每个 20 g 的砝码产生的电压约为 80 mv。

（2）传感器 $R_1 \sim R_4$ 选用 E350－ZAA 箔式电阻应变片，其常态阻值为 350 Ω。

（3）各电阻元件宜选用精密金属膜电阻。

（4）R_{P1}（104）选用精密多圈电位器。

（续表）

模块 4	测力传感器的应用

（5）此电路用 LED 灯的个数显示所放砝码的个数，放一个砝码时，只有 LED3 一个灯亮；放两个砝码时，LED3、LED2 两个灯亮；放三个砝码时，三个灯全亮。

4．工作原理

整个电路由标准电压产生电路（R_{P1}（104）、R_1、R_2、R_3），三个电压比较器（LM358），显示电路三部分构成。由应变传感器实训模块输出的电压 U_{O1} 加到三个电压比较器的同相端，当没有加砝码时，三个 LED 灯都不亮。添加一个砝码至秤盘，先测量此时全桥的输出电压 U_{O1} 的大小，然后测量 U_{2A} 的 2 号引脚（反相端），调节 R_{P1}（104）使 2 号引脚（反相端）的电压略低于全桥的输出电压 U_{O1}，由于此时同相端的电压高于反相端的电压，1 号引脚输出高电平，使三极管 Q3 导通，LED3 点亮。放两个砝码时，先测量此时全桥的输出电压 U_{O1} 的大小，然后测量 U_{1B} 的 6 号引脚（反相端），调节 R_{P1}（104）使 2 号引脚（反相端）的电压略低于全桥的输出电压 U_{O1}，由于此时同相端的电压高于反相端的电压，电压比较器输出高电平，使三极管 Q_3、Q_2 导通，LED3、LED2 点亮。依次类推，放三个砝码时，三个灯全亮。

5．实训内容及步骤

（1）电子线路的制作。连线布置时要横平竖直、间距适当；锡焊时要控制焊点大小，注意虚焊。

（2）调节 R_{P1}（104），使 R_3 输出的电压即 U_{1A} 的 2 号引脚的电压在 160 mV～240 mV。

（3）然后在秤盘上添加 20 g 的标准砝码，观察 LED3 是否点亮而其他 LED 灯不亮；然后依次添加砝码，每添加一个砝码，多亮一个 LED 灯。

五、项目检查

1．学生填写工单；

2．教师填写评价表；

3．学生提交实训心得。

六、项目评价

1．小组讨论，自我评述完成情况及发生的问题，小组共同给出提升方案和效率的建议；

2．小组准备汇报材料，每组选派一人进行汇报；

3．老师对方案评价说明。

学生自我总结：

指导老师评语：

项目完成人签字：　　　　　　　　　　日期：　　　年　　　月　　　日

指导老师签字：　　　　　　　　　　　日期：　　　年　　　月　　　日

小组成员考核表（学生互评）

专业：	班级：	组号：
课程：传感器与检测技术	项目：	组长：

小组成员编号

1：	2：	3：	4：

考核标准

类别	考核项目	成员评分			
		1	2	3	4
学习能力	学习目标明确				
	有探索和创新意识、学习新技术的能力				
	利用各种资源收集并整理信息的能力				
方法能力	掌握所学习的相关知识点				
	能做好课前预习和课后复习				
	能熟练运用各种工具或操作方法				
	能熟练完成项目任务				
社会能力	学习态度积极，遵守课堂纪律				
	能与他人良好沟通，互助协作				
	具有良好的职业素养和习惯				
累计（满分100）					
小组考核成绩（作为个人考核系数）					
总评（满分100）					

注：①本表用于学习小组组长对本组成员进行评分；

②每项评分从1～10分，每人总评累计为100分；

③每个成员的任务总评＝成员评分×（小组考核成绩/100）。

项目 2　压电式传感器的应用

 项目目标

知识目标 》》

- 掌握压电式传感器的选型知识；
- 理解压电式传感器的工作原理及应用；
- 掌握测量电路设计。

技能目标 》》

- 能对测力传感器进行分类；
- 能根据使用的场合、测量的范围等选用合适的测力传感器；
- 使用压电片及其测量电路制作振动传感器。

素质目标 》》

- 培养学生合作能力；
- 培养学生获取新知识能力；
- 培养学生公共关系处理能力。

 项目任务

（1）压电片的检测；
（2）使用压电片及其测量电路制作振动传感器。

 **项目安排**

步骤	教学内容及能力/知识目标	教师活动	学生活动	时间/分钟
1. 案例导入	（1）人体秤称重；（2）打火机点火；（3）任务书	教师通过多媒体演示任务运行	学生边听讲边思考	10
		引导学生观察，思考并回答	讨论如何实现功能	
2. 分析任务	剖析任务，介绍相关的传感器	教师通过多媒体讲解必要的理论知识	学生边听讲边思考	50
		（1）通过理论知识介绍电阻应变式传感器、压电传感器的种类、工作原理、测量电路以及用途；（2）列举多种方案，并对方案给予比较	学生讨论确定方案	
3. 任务实施	确定电路；选择所用器件；制作并调试；填写任务报告书	引导学生确定电路	学生讨论电路	110
		引导学生选择器件	学生根据控制要求选择合适的压电片和其他元件	
		分组指导并答疑	绘制电路原理图	
		分组指导并答疑	设计印制电路板并制作	
		分组指导并答疑	焊接、调试	
		分组指导并答疑	如实填写任务报告书，分析设计过程中的经验，编写设计总结	
4. 任务检查与评估	对本次任务进行检查	结合学生完成的情况进行点评	学生展示优秀设计方案和作品，最终确定考核成绩	30

项目简介 >>>

　　压电式传感器是一种典型的自发电传感器，以某些电介质的压电效应为基础。其敏感元件是由压电材料制成的，压电材料受力后表面产生电荷，从而实现非电量向电量的转换。压电式传感器具有工作频带宽、灵敏度高、结构简单、体积小、质量轻、工作可靠等特点，主要应用在各种动态力、机械冲击、振动测量、生物医学、超声、通信、宇航等领域。

知识储备 >>>

4.2.1　压电式传感器的工作原理

1. 压电效应

压电效应具有可逆性，它分为正压电效应和逆压电效应。

（1）正压电效应

正压电效应又称为顺压电效应，是指某些电介质，当沿着一定方向对其施加压力而使其变形时，它的内部就会产生极化的现象，同时在它的两个表面上会产生极性相反的电荷，如图 4-12 所示；当施加的压力去掉后，它又重新恢复不带电的状态；当压力的作用方向改变时，它内部的极性也随着改变。例如，在电子打火机中，多片串联的压电材料由于受到敲击，会产生很高的电压（电火花），从而将可燃气体点燃。

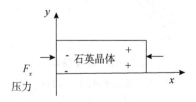

图 4-12　正压电效应的示意图

（2）逆压电效应

逆压电效应又称为电致伸缩效应，是指当在电介质的极化方向施加电场，这些电介质就会在一定方向上产生机械变形或机械压力，当施加的电场撤去时，这些机械变形或机械压力也随之消失的现象。例如，音乐贺卡就是利用逆压电效应而产生声音的。

　　由于外力的作用，在压电元件上产生的电荷只有在无泄漏的情况下才能完好地保存，即需要测量转换电路具有很大的输入阻抗，这实际上是不可能的，所以压电式传感器不能用于静态力的测量。压电元件在交变力的作用下，电荷可以不断补充，可以供给测量转换电路一定的电流，因此，压电式传感器只适用于动态测量。

在晶体的弹性限度内，在 x 轴方向上施加压力 F_x 时，在 x 面上产生的电荷为

$$Q = d_{11}F_x \tag{4-29}$$

式中，d_{11} 为 x 轴方向受力的压电系数（C/N）；F_x 为 x 轴方向的作用力（N）。

2. 压电材料

压电材料就是具有压电效应的晶体材料。它可分为压电晶体（单晶体）材料、压电陶瓷（多晶半导体）和高分子压电材料。压电材料须具有较大的压电系数，如果压电元件作为受力元件，则希望压电材料具有机械强度大、刚度高、温度和湿度稳定性好以及压电性能不随时间变化等特点。

（1）石英晶体

石英晶体是一种单晶体结构。如图 4-13 所示为理想几何形状的石英晶体，它是一个正六面体晶柱，在晶体学中可以用三根互相垂直的晶轴来表示，其中，纵向轴 z 称为光轴，此方向上没有压电效应；经过六面体棱线并垂直于光轴的 x 轴称为电轴，此方向上的压电效应最明显；与光轴和电轴都垂直的 y 轴称为机械轴，在电场的作用下，此方向上的机械效应最明显。

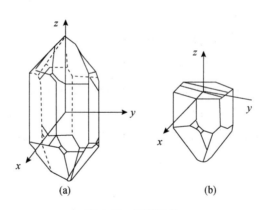

图 4-13　石英晶体

（a）晶体外形；（b）晶块

石英晶体的化学式为 SiO_2，每一个晶格单元中含有三个硅离子和六个氧离子，氧离子是成对出现的，所以一个硅离子和两个氧离子是交替排列的，因此，可将石英晶体中的氧离子和硅离子等效为一个正六边形，如图 4-14 所示。

当石英晶体不受外力作用时，硅离子和氧离子刚好在正六边形的六个顶角上，也就是说正负电荷是互相平衡的，所以外部没有带电现象，如图 4-14（a）所示；当石英晶体在 x 轴方向受力时，晶体的极面 A 上呈现负电荷，晶体的极面 B 上呈现正电荷，如图 4-14（b）所示；当石英晶体在 y 轴方向受力时，晶体的极面 A 上呈现正电荷，

晶体的极面 B 上呈现负电荷，如图 4-14（c）所示。

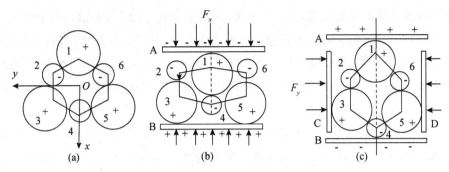

图 4-14 石英晶体的压电效应示意图

（a）不受外力；（b）x 轴方向受力；（c）y 轴方向受力

由于石英晶体在 $20\sim200$ ℃内压电系数的变化率小，因而其性能非常稳定，不足之处在于压电系数较小（$d=2.31\times10^{-12}$ C/N）。因此，石英晶体一般只在标准传感器、高精度传感器或使用温度较高的传感器中使用。

（2）压电陶瓷

压电陶瓷是一种能够将机械能转换为电能的陶瓷材料，它属于无机非金属材料。压电陶瓷比石英晶体的压电系数高很多，而制造成本相对较低，目前国内外生产的压电元件绝大多数采用压电陶瓷。如图 4-15 所示为压电陶瓷的极化过程。

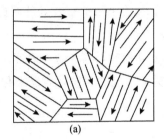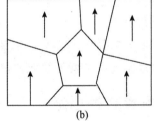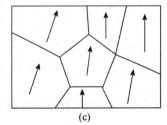

图 4-15 压电陶瓷的极化过程

（a）未极化的陶瓷；（b）正在极化的陶瓷；（c）极化后的陶瓷

利用压电陶瓷可将机械能转换成电能的特性，已经制造出压电点火器、炮弹引爆装置等。电子打火机中的火石就是用压电陶瓷制作的，其打火次数可达 100 万次以上。

此外，压电陶瓷还具有敏感性，能将极其微弱的振动转换为电信号，可以用在气象探测、家用电器等场合。压电陶瓷对外力的敏感度使它可以感应到十几米外飞虫拍打翅膀的声音，用它来制作压电地震仪，能精确测出地壳内细微的变化，从而可以测定地震的强度。常用的压电陶瓷主要包括锆钛酸铅系列压电陶瓷和非铅系列压电陶瓷。

①锆钛酸铅系列压电陶瓷。锆钛酸铅系列压电陶瓷 PZT 是指将 PbO_2、$PbZrO_3$、$PbTiO_3$ 在 1 200 ℃高温下烧结而成的多晶体。它有较高的压电系数（$d=（200\sim500）\times10^{-12}$ C/N）和居里点（500 ℃左右），是目前常采用的一种压电材料。

PZT 是 $PbZrO_3$ 与 $PbTiO_3$ 的固溶体，具有锆钛矿型结构。$PbZrO_3$ 与 $PbTiO_3$ 是铁电体与反铁电体的典型代表，由于 Zr 和 Ti 属于同族，因而 $PbZrO_3$ 与 $PbTiO_3$ 有相似的空间点阵形式，但两者的宏观特性有着很大差异，$PbZrO_3$ 是铁电体，它的居里点为 492 ℃，而 $PbTiO_3$ 是反铁电体，它的居里点为 232 ℃。由于 PZT 有比其他铁电体更加优良的压电性能，因而 PZT 以及掺杂 PZT 系列的压电陶瓷已成为近些年研究的焦点。

②非铅系列压电陶瓷。非铅系列压电陶瓷可减少铅对环境的污染。目前，非铅系列压电陶瓷可分为钛酸钡无铅压电陶瓷、钛酸铋钠无铅压电陶瓷、铌酸盐无铅压电陶瓷、钛酸铋钠钾无铅压电陶瓷和钛酸铋锶钙无铅压电陶瓷等，它们的各项性能均已超过含铅系列压电陶瓷，是今后压电陶瓷的发展方向。

（3）高分子压电材料

高分子压电材料有聚偏二氟乙烯 PVF_2、聚氟乙烯 PVF 和改性聚氯乙烯 PVC 等。其中以 PVF_2 的压电系数最高。高分子压电材料具有以下几个特点。

①高分子压电材料是柔软的压电材料，可根据需要制成薄膜或电缆套管等形状，经过极化处理后就会出现压电效应。

②高分子压电材料不易破碎，且具有防水性，可以大量连续的拉升，制成较大面积或较长尺度的形状，因此，价格便宜。

③高分子压电材料的声阻抗约为 $0.02 \ Pa \cdot s/m^3$，与空气的声阻抗有较好的匹配，可以制成特大口径的壁挂式低音扬声器。

④高分子压电材料的工作温度一般低于 100 ℃，当温度升高时，其灵敏度降低。

⑤高分子压电材料的机械强度不高，抗紫外线能力较差，不适合暴晒，容易老化。

4.2.2 压电式传感器的测量转换电路

1. 压电元件的等效电路

以压电效应为基础的压电式传感器是一种具有高内阻且输出信号很弱的有源传感器。在进行非电量的测量时，为了提高其灵敏度和测量的精度，一般采用多片压电材料组成一个压电敏感元件，并将其接入高输入阻抗的前置放大器中。

当压电式传感器中的压电元件受到被测机械应力的作用时，在它的两个极面上将出现极性相反、电量相等的电荷，如图 4-15 所示。

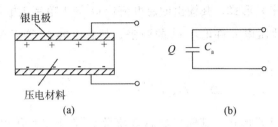

图 4-16 压电式传感器电荷产生的原理和等效电路

（a）电荷产生的原理；（b）等效电路

当压电元件表面聚集电荷时，相当于一个以压电材料为介质的电容器，该电容器两极板之间的电容 C_a 为

$$C_a = \frac{\varepsilon_0 \varepsilon_r A}{d} \tag{4-30}$$

压电元件的开路电压 U 的表达式为

$$U = \frac{Q}{C_a} \tag{4-31}$$

压电式传感器可以等效为一个电荷放大器，如图 4-17（a）所示。它也可等效为一个电压放大器，如图 4-17（b）所示。

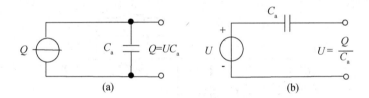

图 4-17 压电式传感器的等效电路

（a）电荷放大器；（b）电压放大器

2. 压电元件的连接方式

在压电式传感器中，压电元件一般不用一片，通常采用两片或两片以上粘贴在一起。由于压电元件是有极性的，因而多片压电元件的连接方式可以分为串联和并联，如图 4-18 所示。

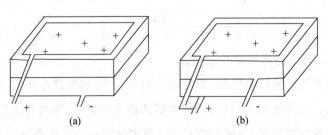

图 4-18 压电元件的连接方式

（a）电荷放大器；（b）电压放大器

图 4-18（a）为串联形式，其输出的总电荷量 Q' 等于单片压电元件的电荷量 Q，其输出电压 U' 等于单片压电元件电压 U 的两倍，其总电容 C' 等于单片压电元件电容 C 的一半，即

$$Q' = Q, \quad U' = 2U, \quad C' = \frac{C}{2} \tag{4-32}$$

图 4-18（b）为并联形式，其输出的总电荷量 Q' 等于单片压电元件的电荷量 Q 的两倍，其输出电压 U' 等于单片压电元件电压 U，其总电容 C' 等于单片压电元件电容 C 的两倍，即

$$Q' = 2Q, \quad U' = U, \quad C' = 2C \tag{4-33}$$

由式（3-32）和式（4-33）可知，当压电元件采用串联形式连接时，其输出电压大，本生电容小，适于用在需要大电压输出的场合；当压电元件采用并联形式连接时，其输出电荷量大，本生电容大，适于用在需要大电荷输出的场合。

3. 电荷放大器

电容并联输出可以等效为一个电荷源。由于压电元件产生的电荷量较小而且内阻较大，因而需要与高输入阻抗的前置放大器配合，压电式传感器中电荷放大器的等效电路如图 4-19 所示。

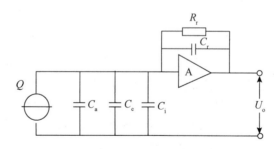

图 4-19　电荷放大器的等效电路

由于电荷放大器中的反馈电容 C_f 在输入端的等效电容满足 $C_f(A+1) \gg (C_a + C_c + C_i)$，因而可以忽略电缆电容 C_c 和前置放大器的输入电容 C_i 的影响。因此，电荷放大器输出电压的表达式为

$$U_o = \frac{-QA}{C_f(A+1) + (C_a + C_c + C_i)} \approx -\frac{Q}{C_f} \tag{4-34}$$

由式（4-34）可以得出以下几点结论：

（1）电荷放大器的输出电压 U_o 只与输入电荷量 Q 和反馈电容 C_f 有关，而与放大器的放大系数 A、电缆电容 C_c 和前置放大器的输入电容 C_i 等的变化均无关。

（2）只要保持反馈电容 C_f 的数值不变，就可得到与输入电荷量 Q 变化成线性关系的输出电压 U_o。

（3）压电式传感器产生的电荷量 Q 一定时，反馈电容 C_f 越小，输出电压 U_o 就越大。

（4）要达到一定的输出灵敏度要求，就必须选择适当的反馈电容 C_f。

（5）输出电压 U_o 与电缆电容 C_c 和前置放大器的输入电容 C_i 无关条件是 $C_f(A+1) \gg (C_a + C_c + C_i)$。

4. 电压放大器

电容串联输出可以等效为一个电压源，由于压电元件产生的电容较小，且电压源等效内阻很大，因而在接成电压输出型测量转换电路时，需要与高输入阻抗的前置放大器配合。电压放大器的等效电路及其简化电路如图 4-20 所示。

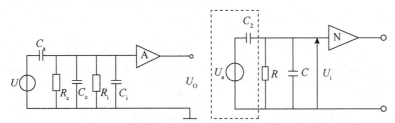

图 4-20　电压放大器的等效电路及其简化电路

由图 4-20 可知，如果使用电压放大器，其输入电压 $U_i = \dfrac{Q}{C_a + C_c + C_i}$，所以压电式传感器在与电压放大器配合使用时，连接电缆不能太长。电缆长，电缆电容 C_c 就大，电缆电容 C_c 增大必然使压电式传感器的电压灵敏度降低。

电压放大器与电荷放大器相比，具有电路简单、元件少、价格便宜、工作可靠等优点，但是电压放大器的灵敏度受电缆长度的影响较大，所以在一定程度上限制了压电式传感器在某些场合的应用。

 **项目工单**

模块 4	测力传感器的应用		
项目 2	压电式传感器的应用	学时	4
组长		小组成员	
小组分工			
	一、项目描述		
1. 压电片的检测； 2. 使用压电片及其测量电路制作振动传感器。			

（续表）

模块 4	测力传感器的应用

二、项目计划

1. 确定本工作任务需要使用的工具和辅助设备，填写下表。

项目名称			
各工作流程	使用的器件、工具	辅助设备	备注

三、项目决策

1. 分小组讨论，分析阐述各自制订的设计制作计划，确定实施方案；

2. 老师指导确定最终方案；

3. 每组选派一位成员阐述方案。

四、项目实施

1. 电路原理图，如图 4-21 所示。

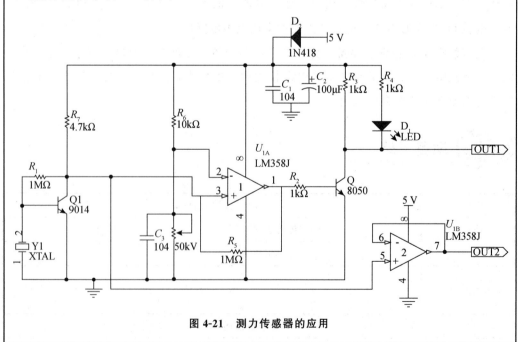

图 4-21　测力传感器的应用

（续表）

模块 4	测力传感器的应用

2. 电路工作情况

电源电压为 5V；输出信号由 LED 指示；二极管 D_2 为反向保护（防止电源接反）；OUT1 为 TTL 电平输出，没有力施加在传感器上的时候，LM358 输出为低电平，LED 灭；有力施加时，输出高电平，LED 点亮。

3. 工作原理

电路由传感器放大电路（9014）、串联分压电路（R_6、R_{P2} 组成）、电压比较器（LM358、R_5 组成）、输出显示部分（R_2、R_3、R_4、8050、LED 组成）这几部分构成。当没有力施加在压电传感器上时，比较器 LM358 的 2 脚电压比同相端 LM358 的 3 脚，LM358 的 1 脚输出低电平，三极管 8050 截止，LED 不亮；当有力施加在传感器上时，9014 将电压信号放大送给比较器的 3 端，当比较器 LM358 的 3 脚电压比反相端 LM358 的 2 脚高，LM358 的 1 脚输出高电平，三极管 8050 导通，LED 点亮。

4. 压电片测量

压电传感器的测量可以使用万用表进行。

第一种方法：将万用表的量程开关拨到直流电压 2.5 V 挡，左手拇指与食指轻轻捏住压电陶瓷片的两面，右手持万用表的表笔，红表笔接金属片，黑表笔横放在陶瓷表面上，然后左手稍用力压一下，随后又松一下，这样在压电陶瓷片上产生两个极性相反的电压信号，使万用表的指针先向右摆，接着回零，随后向左摆一下，摆幅为 0.1～0.15 V，摆幅越大，说明灵敏度越高。若万用表指针静止不动，说明内部漏电或破损。切记不可用湿手捏压电陶瓷片；测试时万用表不可用交流电压档，否则观察不到指针摆动，且测试之前最好用 R 为 10 kΩ 挡测其绝缘电阻，阻值应为无穷大。

第二种方法：用 R 为 10 kΩ 档测两极电阻，正常时应为无穷大，然后轻轻敲击陶瓷片，指针应略微摆动。

5. 电路制造

（1）元件清点。将领取的元件进行清点，并按种类、型号填写表 4-1。

表 4-1　元件清单

序号	元件类型	型号/参数	数量	元件编号
1				
2				
3				
4				
5				
6				
...				

填写说明：①元件类型：填写电阻、电容等以说明元件的类别；

模块 4	测力传感器的应用

②型号/参数：填写元件的型号及主要参数，如电路中的集成运放，此项可填 LM358J；如电阻 R_1，此项可填 22 kΩ；

③元件编号：如 R_1、D_1；

④该表格在任务工单中自行绘制，行数按实际需要自己确定。

（2）电路连接。

①元件在布局时应先放置核心元件，如芯片、三极管等。

②制作电路时应先了解电路，电路分几部分，各个部分的作用，实际操作时每次只制作电路的某一部分。

（3）电路调试。

五、项目检查

1.学生填写工单；

2.教师填写评价表；

3.学生提交实训心得。

六、项目评价

1.小组讨论，自我评述完成情况及发生的问题，小组共同给出提升方案和效率的建议；

2.小组准备汇报材料，每组选派一人进行汇报；

3.老师对方案评价说明。

学生自我总结：

指导老师评语：

项目完成人签字：　　　　　　　　　日期：　　　年　　　月　　　日

指导老师签字：　　　　　　　　　日期：　　　年　　　月　　　日

小组成员考核表（学生互评）

专业：	班级：	组号：
课程：传感器与检测技术	项目：	组长：

小组成员编号

1：	2：	3：	4：

考核标准

类别	考核项目	成员评分			
		1	2	3	4
学习能力	学习目标明确				
	有探索和创新意识、学习新技术的能力				
	利用各种资源收集并整理信息的能力				
方法能力	掌握所学习的相关知识点				
	能做好课前预习和课后复习				
	能熟练运用各种工具或操作方法				
	能熟练完成项目任务				
社会能力	学习态度积极，遵守课堂纪律				
	能与他人良好沟通，互助协作				
	具有良好的职业素养和习惯				
累计（满分 100）					
小组考核成绩（作为个人考核系数）					
总评（满分 100）					

注：①本表用于学习小组组长对本组成员进行评分；

②每项评分从 1～10 分，每人总评累计为 100 分；

③每个成员的任务总评＝成员评分×（小组考核成绩/100）。

模块 5　物位、液位传感器的应用

🔆 知识点

- 掌握电容式传感器、霍尔传感器的工作原理、结构；
- 掌握电容式传感器、霍尔传感器应用场合、使用及选用；
- 掌握电容式传感器、霍尔传感器的测量转换电路；
- 掌握霍尔集成电路的类型和特性。

📝 技能点

- 能根据使用的场合、环境选用合适的传感器进行物位、液位的测量；
- 能使用电容式传感器及其测量电路进行物位、液位的测量；
- 能使用霍尔传感器及其测量电路，制作霍尔转速传感器。

🧍 模块学习目标

在现代工业生产中，物位、液位的检测几乎存在于生产的各个环节。在一些工业生产领域，要求测量仪表要适应特殊的使用环境，而且对物位、液位的测量精度也有较高的要求。因此，通过学习能合理的根据使用环境、控制要求等因素选用物位、液位传感器，并根据传感器的特性正确使用，是本模块的主要任务。

在实践应用中，物位、液位的检测方法多达十余种，比如差压式、电容式、核辐射式、雷达式、霍尔式等等。本模块介绍其中的两种：电容式传感器和霍尔式传感器。了解电容式、霍尔式传感器的结构、类型，理解此两种传感器的工作原理、特性和应用，能合理的选用传感器构成物位、液位测量系统，并具有初步处理系统故障的能力。

项目 1　电容式传感器的应用

 项目目标

知识目标 》》

- 握电容式传感器的工作原理、结构；
- 掌握电容式传感器应用场合、使用及选用；
- 掌握电容式传感器的测量转换电路。

技能目标 》》

- 能根据使用的场合、环境选用合适的传感器进行液位的测量；
- 能使用电容式传感器及其测量电路进行物位、液位的测量。

素质目标 》》

- 培养学生合作能力；
- 培养学生获取新知识能力；
- 培养学生公共关系处理能力。

 项目任务

电容式传感器对物位的测量。

 项目安排

步骤	教学内容及能力/知识目标	教师活动	学生活动	时间/分钟
1. 案例导入	（1）汽车油量表；（2）太阳能热水器自动上水	教师通过多媒体演示案例引导学生观察，思考并回答	学生边听讲边思考　讨论如何实现功能	10

（续表）

步骤	教学内容及能力/知识目标	教师活动	学生活动	时间/分钟
2. 分析任务	剖析任务，介绍相关的传感器	教师通过多媒体讲解	学生边听讲边思考	70
		（1）介绍电容传感器的工作原理、测量电路以及用途；（2）例举多种方案，并对方案给予比较	学生讨论确定方案	
3. 任务实施	确定电路；选择所用器件；制作并调试；填写任务报告书	引导学生确定电路	学生讨论电路	100
		引导学生讨论实训步骤	学生根据要求选择合适的模块及其他元件。	
		分组指导并答疑	在实验台上进行电容传感器工作原理、测量电路的验证及物位检测	
			如实填写任务报告，分析设计过程中的经验，编写实验报告	
4. 任务检查与评估	对本次任务进行检查		学生展示结果，最终确定考核成绩	20
		结合学生完成的情况进行点评		

项目简介 ≫≫≫

　　电容式传感器是把被测量的变化转换为电容变化的一种传感器。它具有结构简单、适应性强、动态特性良好、自身发热小的优点，可以进行非接触的测量。电容测量技术已广泛应用于位移、压力、厚度、液位、转速、振幅、加速度、角度、流量、面料以及成分含量等方面的测量。随着电子技术的发展，特别是集成电路的应用，促进了电容式传感器的广泛应用。

知识储备 》》》

5.1.1　电容式传感器的工作原理

电容式传感器是一个具有可变参数的电容。多数场合下，电容是由被绝缘介质分开的两个金属平行板组成的，如图 5-1 所示。

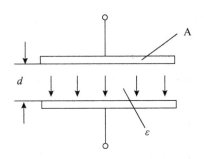

图 5-1　金属平行板组成的电容示意图

由两个金属平行板组成的电容为

$$C = \frac{\varepsilon A}{d} = \frac{\varepsilon_0 \varepsilon_r A}{d} \tag{5-1}$$

式中，ε 为电容两极板间介质的介电常数（F/m）；ε_1 为真空介电常数，$\sigma = 8.854 \times 10^{-12}$ F/m；ε_r 为电容两极板间介质的相对介电常数，对于空气介质，$\varepsilon_r \approx 1$；A 为电容两极板间所覆盖的面积（m²）；d 为电容两极板间的距离，简称为极距（m）。

当被测量变化使得式（5-1）中的 ε_r、A 或 d 发生变化时，电容 C 也随之变化。如果保持其中两个参数不变，而仅改变其中一个参数，就可把该参数的变化转换为电容 C 的变化，通过测量转换电路就可转换为电量输出，这就是电容式传感器的基本工作原理。

根据其工作原理，电容式传感器可分为变面积式电容传感器、变极距式电容传感器和变介电常数式电容传感器。它们的电极形状又可分为平板形、圆柱形和球平面型。如图 5-2 所示为不同类型电容式传感器的示意图，其中图 5-2（a）至图 5-2（f）为变面积式电容传感器；图 5-2（g）和图 5-2（h）为变极距式电容传感器；图 5-2（i）至图 5-2（l）为变介电常数式电容传感器。

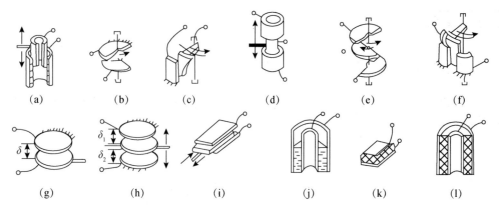

图 5-2　不同类型电容式传感器的示意图

1. 变面积式电容传感器

变面积式电容传感器的原理图如图 5-3 所示。被测量通过移动动极板引起电容两极板间所覆盖面积 A 的改变，从而改变电容。

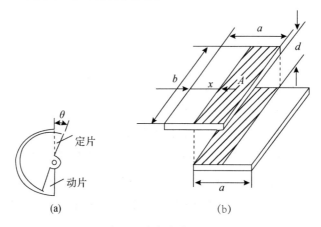

图 5-3　变面积式电容传感器的原理图

（a）角位移式电容传感器；（b）直线位移式电容传感器

图 5-3（a）中，当动极板有一个角位移 θ 时，电容两极板间所覆盖的面积 A 发生改变，因而改变了电容两极板间的电容，即

$$C_\theta = \frac{\varepsilon_0 \varepsilon_r \left(1 - \dfrac{\theta}{\pi} \right)}{d} = C_0 \left(1 - \frac{\theta}{\pi} \right) \tag{5-2}$$

式中，C_0 为 $\theta = 0$ 时的电容（F）。

电容的变化量为

$$\Delta C = C_\theta - C_0 = -C_0 \frac{\theta}{\pi} \tag{5-3}$$

由式（5-3）可知，电容变化量 ΔC 与角位移 θ 成线性关系。图 5-3（b）中，当其中一个动极板移动的距离为 x 时，电容发生变化，即

$$C_x = \frac{\varepsilon_0 \varepsilon_r (a - x) b}{d} = C_0 \left(1 - \frac{x}{a}\right) \tag{5-4}$$

式中，x 为动极板移动的距离（m）；a 为动极板的宽度（m）；b 为动极板的长度（m）。

电容的变化量为

$$\Delta C = C_x - C_0 = -C_0 \frac{x}{a} \tag{5-5}$$

由式（5-5）可知，电容变化量 ΔC 与水平位移 x 成线性关系。

2. 变极距式电容传感器

当变极距式电容传感器的 ε_r 和 A 为常数，初始极距为 d_0 时，由式（5-1）可知其初始电容 C_0 为

$$C_0 = -\frac{\varepsilon A}{d_0} = \frac{\varepsilon_0 \varepsilon_r A}{d_0} \tag{5-6}$$

若电容两极板间距离由初始值 d_0 缩小 Δd，则电容增大 ΔC，即

$$C_d = C_0 + \Delta C = \frac{\varepsilon_0 \varepsilon_r A}{d_0 - \Delta d} = \frac{C_0}{1 - \dfrac{\Delta d}{d_0}} = \frac{C_0 \left(1 + \dfrac{\Delta d}{d_0}\right)}{1 - \dfrac{\Delta d^2}{d_0^2}} \tag{5-7}$$

由式（5-7）可知，变极距式电容传感器的输出特性不是线性关系，而是如图 5-4 所示的双曲线关系。

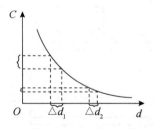

图 5-4 变极距式电容传感器的输出特性

在式（5-7）中，若 $\Delta d / d_0 \ll 1$，则 $1 - (\Delta d / d_0)^2 \approx 1$，即

$$C_d = C_0 \left(1 + \frac{\Delta d}{d_0}\right) \tag{5-8}$$

电容的变化量为

$$\Delta C = C_d - C_0 = C_0 \frac{\Delta d}{d_0} \tag{5-9}$$

此时，电容变化量 ΔC 与 Δd 成线性关系，所以变极距式电容传感器只有在 $\Delta d / d_0$

≪1 时，才有近似的线性输出。

由式（5-9）可知，在 d_0 较小时，对于同样的 Δd 变化所引起的 ΔC 增大，从而使传感器灵敏度提高。但 d_0 过小，容易引起电容击穿或短路，因此，两极板间应采用高介电常数的材料（云母、塑料膜等）作为介质，如图 5-5 所示。

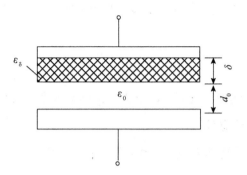

图 5-5　两极板间采用云母片作为介质的电容

云母片的相对介电常数是空气介电常数的 7 倍，其击穿电压不小于 1000 kV/mm，而空气的击穿电压仅为 3 kV/mm，因此，有了云母片，两极板间的初始极距可大大减小。

为了提高灵敏度和减小非线性，以及克服某些外界条件，如电源电压、环境温度变化的影响，常采用差动式电容传感器，其原理图如图 5-6 所示。未开始测量时将动极板调整在中间位置，使两边电容相等。测量时，动极板向上或向下平移，就会引起电容的变化。

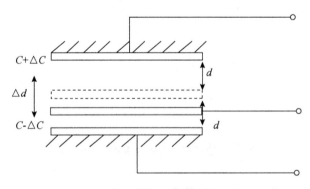

图 5-6　差动式电容传感器的原理图

近年来随着计算机技术的发展，电容传感器大多都配置了单片机，所以其非线性误差可用微机来计算修正。

3. 变介电常数式电容传感器

由于各种介质的相对介电常数不同，所以在电容两极板间插入不同介质时，电容的电容也就不同，利用这种原理制作的电容式传感器称为变介电常数式电容传感器。

这种传感器常用来检测片状材料的厚度、性质，颗粒状物体的含水量以及测量液体的液位等。几种常用气体、液体、固体介质的相对介电常数如表 5-1 所示。

表 5-1　几种常用气体、液体、固体介质的相对介电常数

介质名称	相对介电常数	介质名称	相对介电常数
真　空	1	玻璃釉	3～5
空　气	略大于	二氧化硅	38
其他气体	1～1.2[①]	云　母	5～8
变压器油	2～4	干的纸	2～4
硅　油	2～3.5	干的谷物	3～5
聚丙烯	2～2.2	环氧树脂	3～10
聚苯乙烯	2.4～2.6	高频陶瓷	10～160
聚四氟乙烯	2.0	低频陶瓷、压电陶瓷	1 000～10 000
聚偏二氟乙烯	3～5	纯净的水	80

注：①相对介电常数的数值视该介质的成分和化学结构不同而有较大的区别。

如图 5-7 所示为变介电常数式电容传感器的原理图。当某种介质处于电容两极板间时，介质厚度 δ 越厚，电容也就越大。

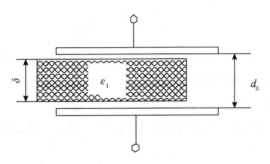

图 5-7　变介电常数式电容传感器的原理图

当介质厚度 δ 保持不变，而电容两极板间介质的相对介电常数 ε_r 改变，如空气湿度变化，介质吸入潮气时，电容将发生较大的变化。因此，变介电常数式电容传感器可作为电容两极板间介质的相对介电常数 ε_r 的测试仪器，如空气相对湿度传感器；反之，若电容两极板间介质的相对介电常数 ε_r 不变，则变介电常数式电容传感器可作为检测介质厚度的传感器。

5.1.2　电容式传感器的测量转换电路

电容式传感器中电容值以及电容变化值都十分微小，不能直接由显示仪表所显示，也很难为记录仪器所接受，不便于传输，这就必须借助于测量转换电路检测出这一微小的电容增量，并将其转换为与之呈单值函数关系的电流、电压或频率。因此，常用的电容式传感器的测量转换电路主要有桥式电路、调频电路、运算放大器电路和二极管双 T 形电桥电路等。

1. 桥式电路

（1）单臂桥式电路

如图 5-8（a）所示为单臂桥式电路。电容 C_1、C_2、C_3、C_x 构成电桥的四个桥臂，其中 C_1、C_2、C_3 为固定电容；C_x 为差动式电容传感器的电容。

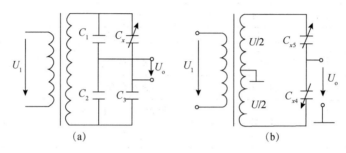

图 5-8　电容式传感器的桥式电路

（a）单臂桥式电路；（b）差动桥式电路

交流电桥平衡时有

$$\frac{C_1}{C_2} = \frac{C_x}{C_3}, \ \text{且} \ U_o = 0 \tag{5-10}$$

当 C_x 改变时，$U_o \neq 0$，有电压输出。由于差动式电容传感器的电容 C_x 随着被测量的变化而变化，因此，输出电压 U_o 就反映了被测量的变化值。

（2）差动桥式电路

如图 5-8（b）所示为差动桥式电路。电容 C_{x4}、C_{x5} 为差动式电容传感器的电容，其空载输出电压为

$$U_o = \frac{(C_0 - \Delta C) - (C_0 + \Delta C)}{(C_0 - \Delta C) + (C_0 + \Delta C)} \frac{U}{2} = -\frac{2\Delta C}{2C_0} \frac{U}{2} = -\frac{\Delta C}{C_0} \frac{U}{2} \tag{5-11}$$

式中，U 为电源电压（V）。

可见，差动桥式电路的输出电压 U_o 与电容的变化量 R′ 呈线性关系。该电路的输出还应经过相敏检波电路才能分辨出 U_o 的相位。

2. 调频电路

调频电路把电容式传感器作为调频振荡器谐振回路的一部分。当输入量导致电容发生变化时，调频振荡器的振荡频率就发生变化。虽然可将频率作为测量系统的输出量，用以判断被测非电量的大小，但此时系统是非线性的，不易校正，因此，加入鉴频器，将频率的变化转换为振幅的变化，经过放大就可以用仪器指示或记录仪记录下

来。调频电路的原理图如图 5-9 所示。

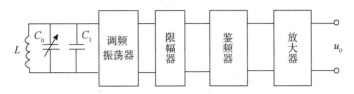

图 5-9　调频电路的原理图

调频振荡器的振荡频率的表达式为

$$f = \frac{1}{2\pi\sqrt{LC}} \tag{5-12}$$

式中，L 为振荡电路的电感（H）；C 为振荡电路的总电容（F）。

振荡电路的总电容一般包括电容式传感器的电容 $C_0 \pm \Delta C$、谐振电路中的固有电容 C_1 和电缆电容 C_c。当被测信号为零时，$\Delta C = 0$，这时 $C = C_0 + C_1 + C_c$，故调频振荡器的固有频率（一般应选在 1 MHz 以下）为

$$f_0 = \frac{1}{2\pi\sqrt{L(C_0 + C_1 + C_c)}} \tag{5-13}$$

当被测信号不为零时，$\Delta C \neq 0$，调频振荡器的频率也相应改变 Δf，即

$$f_0 \pm \Delta f = \frac{1}{2\pi\sqrt{L(C_0 \pm \Delta C + C_1 + C_c)}} \tag{5-14}$$

调频振荡器输出的高频电压将是一个受被测信号调制的调制波，其频率由式（5-12）决定。用调频系统作为电容式传感器的测量转换电路主要有以下特点：

（1）抗外来干扰能力强。

（2）特性稳定。

（3）能取得高电平的直流信号（伏特数量级）。

（4）因为是频率输出，所以易用于数字仪器和计算机接口。

3. 运算放大器电路

由于运算放大器电路的放大倍数很大，输入阻抗很高，输出电阻小，因而采用运算放大器电路作为电容式传感器的测量转换电路是比较理想的。如图 5-10 所示为运算放大器电路的原理图，图中 C_x 为电容式传感器的电容；U_i 为交流电源电压，U_o 为输出信号电压，Σ 是虚地点。由运算放大器电路的工作原理可得

$$\dot{U}_o = -\frac{C}{C_x}\dot{U}_i \tag{5-15}$$

将 $C_x = \dfrac{\varepsilon A}{d}$ 代入式（5-15），可得

$$\dot{U}_o = -\frac{C}{\varepsilon A}d\dot{U}_i \tag{5-16}$$

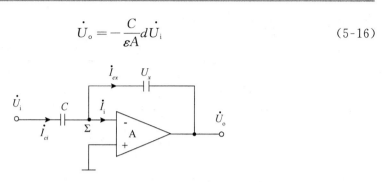

图 5-10 运算放大器电路的原理图

式（5-16）中的"一"号表示输出信号电压的相位与交流电源电压的相位相反。此外，该式还说明运算放大器电路的输出信号电压与电容器两极板间的距离成线性关系。运算放大器电路虽解决了单个变极距式电容传感器的非线性问题，但要求输入阻抗及放大倍数足够大，为保证仪器精度，还要求交流电源电压的幅值和固有电容稳定。

4. 二极管双 T 形电桥电路

二极管双 T 形电桥电路的原理图如图 5-11 所示。对于单电容工作的情况，可以使其中一个为固定电容，另一个为电容式传感器的电容。图 5-11 中 R_L 为负载电阻，V1、V2 为理想二极管，R_1、R_2 为固定电阻。

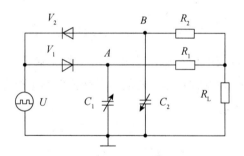

图 5-11 二极管双 T 形电桥电路的原理图

二极管双 T 形电桥电路的工作原理如下：当电源电压 U 为正半周时，V_1 导通，V_2 截止，这时 C_1 开始充电；当电源电压 U 为负半周时，V_1 截止，V_2 导通，这时 C_2 开始充电，C_1 上的电荷开始通过 R_1、R_L 放电，此时流过 R_L 的电流为 i_1。到了下一个正半周，V_1 导通，V_2 截止，这时 C_1 又被充电，而 C_2 上的电荷开始通过 R_2、R_L 放电，此时流过 R_L 的电流为 i_2。

如果选择特性相同的二极管，并且 $R_1 = R_2 = R$，$C_1 = C_2$，则流过 R_L 的电流 I_1 和 I_2 的大小相等，方向相反，在一个周期内流过 R_L 的平均电流为零，R_L 上无电压输出。若 C_1 或 C_2 变化，则在一周期内流过 R_L 的平均电流不为零，因此，有电压信号输出，输出电压在一个周期内的平均值为

$$U_0 = I_L R_L = \frac{1}{T} \int_0^T [I_1(t) - I_2(t)] \, dt R_L \approx \frac{R(R + 2R_L)}{(R + R_L)^2} R_L U f(C_1 - C_2)$$

$$(5\text{-}17)$$

当 R_L 为已知时，则 $\dfrac{R(R + 2R_L)}{(R + R_L)^2} R_L = K$ 为一常数，故式（5−17）又可写成

$$U_o = K U f(C_1 - C_2) \qquad (5\text{-}18)$$

由式（5-18）可知，输出电压不仅与电源电压 U 的幅值大小有关，而且还与电源频率有关。因此，为保证输出电压与电容的变化成比例，除了要稳压外，还需稳频。这种电路的最大优点是线路简单，不需附加其他相敏整流电路，可直接得到直流输出电压。

 **项目工单**

模块5	物位、液位传感器的应用		
项目1	电容成传感器的应用	学时	4
组长	小组成员		
小组分工			
一、项目描述			
1. 电容式传感器对物位的测量。			
二、项目计划			
1. 确定本工作任务需要使用的工具和辅助设备，填写下表。			

项目名称			
各工作流程	使用的器件、工具	辅助设备	备注

三、项目决策
1. 分小组讨论，分析阐述各自制订的设计制作计划，确定实施方案；
2. 老师指导确定最终方案；
3. 每组选派一位成员阐述方案。

（续表）

模块 5	物位、液位传感器的应用

四、项目实施

1. 电路原理图，如图 5-12 所示。

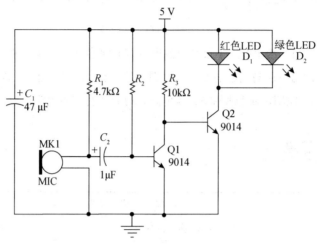

图 5-12　实训电路原理图

2. 电路工作情况

电源电压为 5 V；输出信号由 LED 指示。

3. 工作原理

声控 LED 旋律灯主要由电源电路、话筒放大电路、LED 发光电路组成，电源采用直流 5 V，经 C_1 滤波后供电路使用。MIC（咪头）将声音信号转化为电信号，经 C_2 耦合到 Q1、Q2 放大，最终由 Q2 驱动 LED 发光，声音越大，LED 灯越亮。

4. 电路制造

（1）元件清点

将领取的元件进行清点，并按种类、型号填写表 5-2。

表 5-2　元件清单

序号	元件类型	型号/参数	数量	元件编号
1				
2				
3				
4				
5				
6				
...				

填写说明：①元件类型：填写电阻、电容等以说明元件的类别；

（续表）

模块 5	物位、液位传感器的应用

②型号/参数：填写元件的型号及主要参数，如电路中的集成运放，此项可填 LM358J；如电阻 R_1，此项可填，22 kΩ；

③元件编号：如 R_1、D1；

④该表格在任务工单中自行绘制，行数按实际需要自己确定。

（2）电路连接

①元件在布局时应先放置核心元件，如芯片、三极管等；

②制作电路时应先了解电路，电路分几部分，各个部分的作用，实际操作时每次只制作电路的某一部分。

5．注意事项

如图 5-13 所示，驻极体话筒有正负极性，驻极体和外壳连接的引脚为负极。如果接反，几乎听不到声音。注意：驻极体话筒的引脚不要剪短。

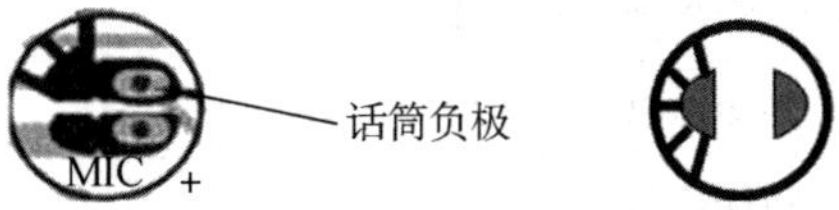

图 5-13　驻极体话筒正负极示意图

五、项目检查

1．学生填写工单；

2．教师填写评价表；

3．学生提交实训心得。

六、项目评价

1．小组讨论，自我评述完成情况及发生的问题，小组共同给出提升方案和效率的建议；

2．小组准备汇报材料，每组选派一人进行汇报；

3．老师对方案评价说明。

学生自我总结：

指导老师评语：

项目完成人签字：　　　　　　　　日期：　　　年　　　月　　　日

指导老师签字：　　　　　　　　日期：　　　年　　　月　　　日

小组成员考核表（学生互评）

专业：		班级：		组号：	
课程：传感器与检测技术		项目：		组长：	

小组成员编号

1：	2：	3：	4：

考核标准

类别	考核项目	成员评分			
		1	2	3	4
学习能力	学习目标明确				
	有探索和创新意识、学习新技术的能力				
	利用各种资源收集并整理信息的能力				
方法能力	掌握所学习的相关知识点				
	能做好课前预习和课后复习				
	能熟练运用各种工具或操作方法				
	能熟练完成项目任务				
社会能力	学习态度积极，遵守课堂纪律				
	能与他人良好沟通，互助协作				
	具有良好的职业素养和习惯				
累计（满分100）					
小组考核成绩（作为个人考核系数）					
总评（满分100）					

注：①本表用于学习小组组长对本组成员进行评分；

②每项评分从1～10分，每人总评累计为100分；

③每个成员的任务总评＝成员评分×（小组考核成绩/100）。

项目 2　霍尔传感器的应用

 项目目标

知识目标 》》》

- 掌握霍尔传感器的工作原理、结构；
- 掌握霍尔传感器应用场合、使用及选用；
- 掌握霍尔传感器的测量转换电路。

技能目标 》》》

- 能根据使用的场合、环境选用合适的传感器进行液位的测量；
- 能使用霍尔传感器及其测量电路进行物位、液位的测量。

素质目标 》》》

- 培养学生合作能力；
- 培养学生获取新知识能力；
- 培养学生公共关系处理能力。

 项目任务

霍尔传感器对物位的测量。

 **项目安排**

步骤	教学内容及能力/知识目标	教师活动	学生活动	时间/分钟
1. 案例导入	（1）自行车咪表测骑行速度；（2）汽车发动机点火控制	教师通过多媒体演示案例	学生边听讲边思考	10
		引导学生观察，思考并回答	讨论如何实现功能	
2. 分析任务	剖析任务，介绍相关的传感器	教师通过多媒体讲解	学生边听讲边思考	70
		（1）介绍电容传感器的工作原理、测量电路以及用途；（2）例举多种方案，并对方案给予比较	学生讨论确定方案	
3. 任务实施	确定电路；选择所用器件；制作并调试；填写任务报告书	引导学生确定电路	学生讨论电路	110
		引导学生选择器件	学生根据控制要求选择合适的霍尔元件和其他元件	
		分组指导并答疑	绘制电路原理图。	
		分组指导并答疑	设计印制电路板并制作	
		分组指导并答疑	焊接、调试	
		分组指导并答疑	如实填写任务报告书，分析设计过程中的经验，编写设计总结	
4. 任务检查与评估	对本次任务进行检查	结合学生完成的情况进行点评	学生展示结果，最终确定考核成绩	20

 **项目资讯**

项目简介 ▶▶▶

　　霍尔传感器是一种用于磁电转换的传感器，可以用来检测磁场及其变化。它具有结构牢固、体积小、寿命长、安装方便、功耗小、频率高、耐振动、不怕灰尘、油污及盐雾的污染或腐蚀等优点。霍尔传感器是由霍尔元件、磁场和电源组成的。霍尔元件是基于霍尔效应而制成的。

知识储备 》》》

5.2.1　霍尔传感器的工作原理

1. 霍尔效应

霍尔元件是一种半导体四端薄皮，1、1′端称为激励电流端，2、2′端称为霍尔电动势的输出端，其中2、2′端一般应处于霍尔元件侧面的中点，如图 5-14 所示。

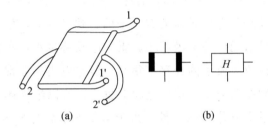

图 5-14　霍尔元件

（a）外形结构；（b）图形符号

当把霍尔元件置于磁感应强度为 B 的磁场中时，磁场方向垂直于霍尔元件，当有电流 I 流过霍尔元件时，在垂直于电流和磁场的方向上将产生感应电动势 E_H，这种现象称为霍尔效应，所产生的感应电动势称为霍尔电动势，输出端称为霍尔电极。霍尔效应是物质在磁场中表现的一种特性，它是运动电荷在磁场中受到洛仑兹力作用而产生的结果。霍尔效应的原理如图 5-15 所示。

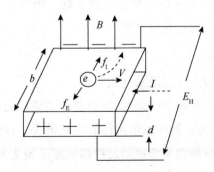

图 5-15　霍尔效应的原理

图 5-15 中，流入霍尔元件激励电流端的输入电流 I 越大，作用在霍尔元件上的磁感应强度 B 就越强，霍尔电动势 E_H 也就越高。霍尔电动势 E_H 的表达式为

$$E_H = k_H IB \tag{5-19}$$

式中，E_H 为霍尔电动势（V）；k_H 为霍尔元件的灵敏度；I 为激励电流端的输入电流（A）；B 为磁感应强度（T）。

霍尔元件灵敏度的表达式为

$$k_H = \frac{R_H}{d} \tag{5-20}$$

式中，R_H 为霍尔常数；d 为霍尔元件的厚度（m）。

霍尔常数的表达式为

$$R_H = \rho\mu \tag{5-21}$$

式中，ρ 为霍尔元件所用材料的电阻率；μ 为霍尔元件所用材料载流子的迁移率。

由式（5-21）可知，只有 ρ 和 μ 都大的材料才适合于制作霍尔元件，才能获得较大的霍尔常数和霍尔电动势。金属导体的载流子的迁移率很大，但是电阻率非常小，所以霍尔常数不理想，霍尔元件的灵敏度小，霍尔电动势也小，所以金属导体材料不宜制作霍尔元件。绝缘体的载流子的迁移率很小，但是电阻率非常大，所以霍尔常数不理想，霍尔元件的灵敏度系数小，霍尔电动势也小，所以绝缘体材料也不宜制作霍尔元件。只有半导体最适合制作霍尔元件。由于霍尔电动势与半导体的厚度 d 成反比，因此，为了提高霍尔电动势，霍尔元件应制成薄片形状。

若磁感应强度 B 不垂直于霍尔元件，而是与其法线成某一角度 θ 时，实际上作用于霍尔元件上的有效磁感应强度是其法线方向的分量，即 $B\cos\theta$，此时的霍尔电动势的表达式为

$$E_H = k_H IB\cos\theta \tag{5-22}$$

由式（5-22）可知，霍尔电动势与激励电流端的输入电流 I 和磁感应强度 B 成正比，且当 B 的方向改变时，霍尔电动势的方向也随之改变。若所施加的磁场为交变磁场，则霍尔电动势为同频率的交变电动势。

2. 霍尔元件主要参数

（1）额定激励电流和最大允许激励电流

当霍尔元件自身的温度升高 10 ℃时，流过自身的激励电流称为额定激励电流，用符号 I_c 表示。激励电流增大，使得霍尔元件的功耗增大，温度升高，从而导致霍尔电动势的温漂增大，因此，每种型号的霍尔元件都规定了最大允许激励电流，用符号 I_m 表示，其数值从几毫安到十几毫安不等。

（2）输入电阻和输出电阻

输入电阻 R_i 是指霍尔元件两个激励电流端的电阻。输出电阻 R_o 是两个霍尔电动势输出端之间的电阻。输入电阻和输出电阻的阻值从几十欧姆到几百欧姆，视不同型

号的霍尔元件而定。由于输入电阻的阻值大于输出电阻的阻值，但相差不太大，因而使用时应注意。

（3）不等位电动势和不等位电阻

不等位电动势是指当霍尔元件在额定激励电流下，当外加磁场为零时，霍尔元件输出端之间的开路电压，用符号 U_M 表示。

不等位电阻是由霍尔电极 2 和 $2'$ 不在同一等位面上以及材料电阻率不均匀而引起的，即 R_0 称为不等位电阻，如图 5-16 所示。

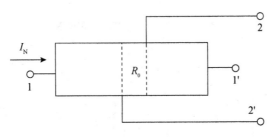

图 5-16 不等位电阻

（4）寄生直流电动势

当没有外加磁场，霍尔元件用交流控制电流时，霍尔电极的输出有一个寄生直流电动势，它主要是由控制电极和基片之间的非完全欧姆接触所产生的整流效应造成的。

（5）霍尔电动势的温度系数

霍尔电动势的温度系数 α 是指在一定磁感应强度和控制电流下，温度每变化 1 ℃，霍尔电动势的变化率。

5.2.2 霍尔传感器的基本电路

如图 5-17 所示为霍尔传感器的基本电路。额定激励电流 I_C 由电源 E 提供，可以通过调节 R_A 来控制额定激励电流 I_C 的大小，霍尔传感器输出端接负载电阻 R_B。由于霍尔传感器必须在磁感应强度 B 与额定激励电流 I_C 的作用下才会产生霍尔电动势，所以在实际应用中，可以把额定激励电流 I_C 或者磁感应强度 B 作为输入信号。通过霍尔传感器的额定激励电流 I_C 为

$$I_C = E/(R_A + R_B + R_H) \tag{5-23}$$

由于霍尔传感器的霍尔常数 R_H 是变化的，因而会引起额定激励电流 R_B 的变化，使霍尔电动势失真。因此，只有当 $R_A + R_B \gg R_H$ 时，才能抑制额定激励电流 I_C 的变化。如图 5-18 所示为霍尔传感器的几种偏置电路。

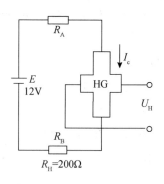

图 5-17 霍尔元件基本应用电路

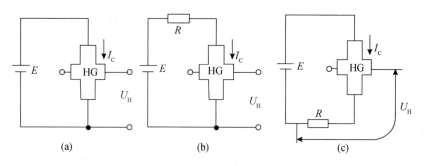

图 5-18 霍尔传感器的偏置电路

（a）无外接偏置电阻；（b）有外接偏置电阻；（c）电源负极与霍尔元件之间串联电阻

图 5-18（a）为无外接偏置电阻的电路。这种电路适用于霍尔常数 R_H 较大的霍尔传感器，额定激励电流 $I_C=E/R_H$，霍尔电动势 $E_H=I_C R_H/2$，因此，磁阻效应的影响比较大。图 5-18（b）为有外接偏置电阻的电路。这种电路适用于霍尔常数 R_H 较小的霍尔传感器，额定激励电流 $I_C=E/(R+R_H)$，霍尔电动势 $E_H=I_C R_H/2$。图 5-18（c）为在电源负极与霍尔元件之间串联电阻的电路。这种电路适用于霍尔常数 R_H 较小的霍尔传感器，额定激励电流 $I_C=E/(R+R_H)$，霍尔电动势 $E_H=(R_H/2+R)I_C$，因此，磁阻效应影响比较小。

5.2.3 霍尔传感器的集成电路

霍尔传感器的集成电路具有体积较小、灵敏度高、输出幅度较大、温漂小、对电源的稳定性要求较低等优点，它可分为线性型霍尔传感器的集成电路和开关型霍尔传感器的集成电路。

1. 线性型霍尔传感器的集成电路

线性型霍尔传感器的集成电路的内部电路是将霍尔元件、恒流源、线性差动放大器制作在同一个芯片上，输出电压的单位为 V，比直接使用霍尔元件要方便很多。比较典型的线性型霍尔传感器有 UGN3501。如图 5-19 所示为 UGN3501 线性型霍尔传感器的外形及其电路原理图，其集成电路的输出特性曲线如图 5-20 所示。

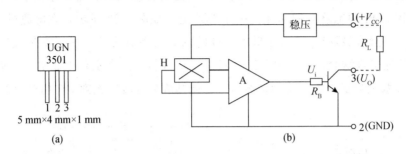

图 5-19　UG3501 线性型霍尔传感器的外形及其内部集成电路

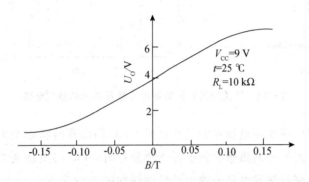

图 5-20　线性型霍尔传感器集成电路的输出特性曲线

如图 5-21 所示为具有双端差动输出特性的线性型霍尔传感器集成电路的输出特性曲线。如果磁感应强度为零，那么它的输出电压将等于零；当感受到的磁感应强度为正向（磁钢的 S 极对准霍尔元件的正面）时，输出为正；当感受到的磁感应强度为反向（磁钢的 N 极对准霍尔元件的正面）时，输出为负。

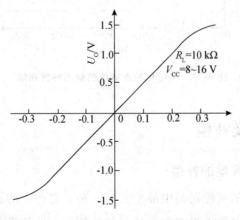

图 5-21　具有双端差动输出特性的线性型霍尔传感器集成电路的输出特性曲线

2. 开关型霍尔传感器的集成电路

开关型霍尔传感器的集成电路的内部电路是将霍尔元件、稳压电路、放大器、施密特触发器、OC门电路等制作在同一个芯片上。如图 5-22 所示，在电路的输入端输入电压 U_{cc}，经稳压器稳压后加在霍尔元件的两个激励电流端。根据霍尔效应的原理，当霍尔元件处于磁场中时，霍尔元件的两电压端将会有一个霍尔电动势 E_H 输出。E_H 经放大器 A 放大后送至施密特触发器整形，使其成为方波输送到 OC 门输出。

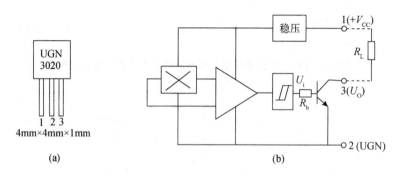

图 5-22　开关型霍尔传感器的外形及其内部集成电路

当外加的磁感应强度超过规定的工作点时，OC 门由高阻状态变为导通的状态，其输出变为低电平；当外加的磁感应强度低于释放点时，OC 门重新变为高阻状态，其输出变为高电平。施密特触发电路的输出特性曲线如图 5-23 所示。

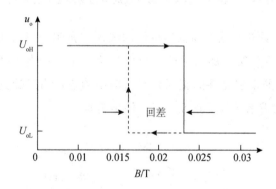

图 5-23　施密特触发电路的输出特性曲线

5.2.4　基本误差及补偿

1. 不等位电动势误差的补偿

不等位电动势是霍尔元件误差中最主要的一种。它产生的原因是制造工艺不可能保证两个霍尔电极绝对对称地焊接在霍尔元件的两侧，致使霍尔元件的两个电极点不能完全位于同一个等位面上，此外还有可能是由于半导体的电阻特性（等势面倾斜）

所造成。

若把霍尔元件视为一个四臂电桥的电阻电桥，不等位电动势就相当于电桥在初始不平衡的状态下输出的电压，如图 5-24 所示。

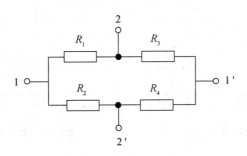

图 5-24　霍尔元件的等效电路

当两个霍尔电极在同一个等位面上时，即 $R_1 = R_2 = R_3 = R_4$，则电路平衡电桥输出电压为零；当两个霍尔电极不在同一个等位面上时，即 $R_1 \neq R_2 \neq R_3 \neq R_4$，则电路不平衡电桥输出电压不为零。因此，需要通过采用如图 5-25 所示的电路进行补偿，外接电阻应大于霍尔元件的内阻，调整外接电阻可以使电桥输出电压为零。

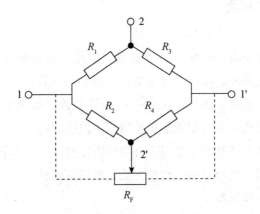

图 5-25　不等位电动势的补偿电路

2. 温度特性

霍尔元件的温度特性是指它的内阻及输出与温度之间的关系。与一般半导体一样，由于电阻率、迁移率以及载流子浓度随温度变化，因而霍尔元件的内阻、输出电压等参数也将随温度而变化。不同材料的霍尔内阻及霍尔电动势与温度的关系曲线如图 5-26 和 5-27 所示。

霍尔内阻和霍尔电动势都用相对比率表示。因此，把温度每变化 1 ℃霍尔元件输入或输出电阻的相对变化率称为内阻温度系数，用 β 表示；把温度每变化 1 ℃霍尔电动势的相对变化率称为霍尔，锑化铟的内阻温度系数最大。除了锑化铟的内阻温

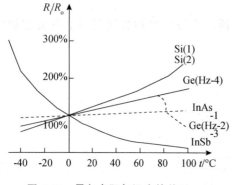

图 5-26 霍尔内阻与温度的关系

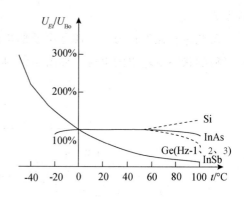

图 5-27 霍尔电动势与温度的关系

度系数为负值之外，其余均为正值。由图 5-27 可知，硅的霍尔电动势温度系数最小，且在温度范围内是正值；其次是砷化铟，它的值随着温度的升高由正值变为负值；再次是锗，它的值也是随着温度的升高由正值变为负值，而锑化铟的霍尔电动势温度系数最大且为负值，在低温下锑化铟的霍尔电动势将是硅的霍尔电动势的三倍，到了高温，锑化铟的霍尔电动势降为硅的霍尔电动势的 15%。

3. 温度误差及其补偿

温度误差产生的原因主要包括以下两种。

（1）由于霍尔元件是由半导体材料组成的，因此，它对温度的变化非常敏感。其中，载流子的浓度、迁移率、电阻率等参数都是温度的函数。

（2）当温度发生变化时，霍尔元件的一些特性参数，如霍尔电动势、输入电阻和输出电阻等都会发生变化，从而使霍尔传感器产生温度误差。

可以采用恒温措施补偿和恒流源温度补偿的方法来减小霍尔元件的温度误差。

（1）恒温措施补偿。恒温措施补偿的方法包括以下两种。

①将霍尔元件放在恒温器中。

②将霍尔元件放在恒温的空调房中。

（2）恒流源温度补偿。霍尔元件的灵敏度也是与温度有关的函数，它会随温度的变化而引起霍尔电动势的变化。霍尔元件的灵敏度与温度的关系为

$$k_H = k_{H0}(1 + \alpha \Delta t) \tag{5-24}$$

式中，k_{H0} 为温度为 t_0 时霍尔元件的灵敏度；α 为霍尔电动势的温度系数；Δt 为温度的变化量（℃）。

常见的大多数霍尔元件霍尔电动势的温度系数 α 都是正值，它们的霍尔电动势将会随着温度的升高而增加 $(1 + \alpha \Delta t)$ 倍。同时，如果让激励电流端的电流 I 相应地减小，就能使 $E_H = k_H IB$ 的结果保持不变，也就抵消了霍尔元件灵敏度增加的影响。如图 5-28 所示为恒流源温度补偿电路。

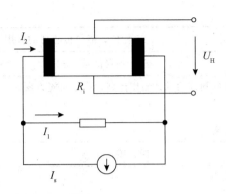

图 5-28 恒流源温度补偿电路

图 5-28 中，当霍尔元件的输入电阻 R_i 随温度升高而增加时，旁路分流电阻自动地加强分流，减少了霍尔元件的激励电流端的电流 I，使霍尔电动势 $E_H = k_H IB$ 保持不变。

 **项目工单**

模块 5	物位、液位传感器的应用		
项目 2	霍尔传感器的应用	学时	4
组长		小组成员	
小组分工			
一、项目描述			
霍尔传感器对物位的测量			
二、项目计划			

1. 确定本工作任务需要使用的工具和辅助设备，填写下表。

项目名称			
各工作流程	使用的器件、工具	辅助设备	备注

（续表）

模块 5	物位、液位传感器的应用
三、项目决策	
1. 分小组讨论，分析阐述各自制订的设计制作计划，确定实施方案；	
2. 老师指导确定最终方案；	
3. 每组选派一位成员阐述方案。	
四、项目实施	

1. 电路原理图，如图 5-29 所示。

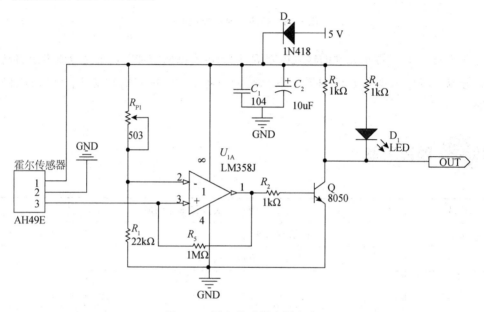

图 5-29　霍尔传感器实训电路

2. AH49E 简介

如图 5-30 所示，AH49E 是一种线性霍尔传感器件，可在永磁铁或电磁铁的磁场中可靠工作；在一定工作电压条件下，其输出电压正比于磁场强度的呈线性变化。AH49 线性霍尔器由电压调整器、霍尔电压发生器、线性放大器和射极跟随器组成，其输入是磁感应强度，输出是和输入量成正比的电压。静态输出电压（$B=0$ GS）是电源电压的一半。S 磁极出现在霍尔传感器标记面时，将驱动输出高于零电平；N 磁极将驱动输出低于零电平。

图 5-30　AH49E 引脚图

（续表）

模块 5	物位、液位传感器的应用

3. 电路工作情况

电压：5V；输出信号由 LED 指示；TTL 电平输出，有效信号为低电平；二级管 D_2 为反向保护（防止电源接反）。

4. 工作原理

电路由测量电路（霍尔元件 AH49E、磁钢组成）、串联分压电路（R_{P1}、R_1 组成）、电压比较器（LM358、R_5 组成）、输出显示部分（R_2、R_3、R_4、8050、LED 组成）这几部分构成。串联分压电路由 R_{P1} 与 R_1 构成，给由 LM358 与 R_5 构成的电压比较电路提供标准电压，当旋转体上的一个磁体未到达 AH49E 时，磁场较弱，AH49E 输出的电压低于串联分压电路提供的标准电压，即反相端（LM358 的 2 脚）电压比同相端（LM358 的 3 脚）高，LM358 的 1 脚输出低电平，三极管 8050 截止，LED 不亮，输出为高电平。当旋转体上的一个磁体到达 AH49E 时，磁场较强，AH49E 输出的电压高于串联分压电路提供的标准电压，即同相端（LM358 的 3 脚）电压比反相端（LM358 的 2 脚）高，LM358 的 1 脚输出高电平，三极管 8050 导通，LED 不亮，输出为低电平。这样在被测的旋转体旋转时，每当磁体经过霍尔元件，霍尔元件就发出一个脉冲信号，送运算，两个脉冲的间隔时间就是周期，由周期可以换算出转速，也可计数单位时间内的脉冲数，再换算出转速。（注意：AH49E 焊接时应尽量靠近电路板的某一边，引脚尽可能长，先用多余的元件引脚焊出，再将 AH49E 引脚焊上，以便调试。）

5. 电路制造

（1）元件清点

将领取的元件进行清点，并按种类、型号填写表 5-2。

表 5-2　元件清单

序号	元件类型	型号/参数	数量	元件编号
1				
2				
3				
4				
5				
6				
...				

填写说明：①元件类型：填写电阻、电容等以说明元件的类别；

②型号/参数：填写元件的型号及主要参数，如电路中的集成运放，此项可填 LM358J；如电阻 R_1，此项可填，22 kΩ；

③元件编号：如 R_1、D1；

（续表）

模块 5	物位、液位传感器的应用

④该表格在任务工单中自行绘制，行数按实际需要自己确定。

（2）电路连接

①元件在布局时应先放置核心元件，如芯片、三极管等；

②制作电路时应先了解电路，电路分几部分，实际操作时每次只制作电路的某一部分。

（3）电路调试

五、项目检查
1. 学生填写工单；
2. 教师填写评价表；
3. 学生提交实训心得。

六、项目评价
1. 小组讨论，自我评述完成情况及发生的问题，小组共同给出提升方案和效率的建议；
2. 小组准备汇报材料，每组选派一人进行汇报；
3. 老师对方案评价说明。

学生自我总结：

指导老师评语：

项目完成人签字：　　　　　　　日期：　　　年　　月　　日

指导老师签字：　　　　　　　　日期：　　　年　　月　　日

小组成员考核表（学生互评）

专业：	班级：	组号：
课程：传感器与检测技术	项目：	组长：

小组成员编号

1：	2：	3：	4：

考核标准

类别	考核项目	成员评分			
		1	2	3	4
学习能力	学习目标明确				
	有探索和创新意识、学习新技术的能力				
	利用各种资源收集并整理信息的能力				
方法能力	掌握所学习的相关知识点				
	能做好课前预习和课后复习				
	能熟练运用各种工具或操作方法				
	能熟练完成项目任务				
社会能力	学习态度积极，遵守课堂纪律				
	能与他人良好沟通，互助协作				
	具有良好的职业素养和习惯				
累计（满分 100）					
小组考核成绩（作为个人考核系数）					
总评（满分 100）					

注：①本表用于学习小组组长对本组成员进行评分；

②每项评分从 1～10 分，每人总评累计为 100 分；

③每个成员的任务总评＝成员评分×（小组考核成绩/100）。

模块 6　位移传感器的应用

知识点

- 了解电感式传感器、超声波传感器的种类及特点；
- 了解超声波的基本物理特性；
- 理解电感式传感器、超声波传感器的工作原理、结构；
- 掌握电感式传感器、超声波传感器的测量转换电路；
- 掌握电感式传感器、超声波传感器应用场合、使用及选用。

技能点

- 具有对不同被测对象、不同工作环境下电感传感器选型的能力。
- 具有对不同被测对象、不同工作环境选用不同的超声波传感器进行位移、物位的测量。

模块学习目标

在生产、生活中，尤其是机械加工、交通领域，对位移量的检测是非常常见的。位移分为线位移和角位移两种，同时，位移是向量，既有大小，又有方向，因此对位移量的测量和其他量相比有自身的特殊性，尤其体现在其测量转换电路中。现在用于测量位移量的传感器类型较多，应用比较广泛的有电感式传感器、光电传感器、超声波传感器等。在本模块中主要介绍电感式、超声波传感器等位移传感器的工作原理、类型及应用。

项目 1 电感式传感器的应用

 项目目标

知识目标 》》》

- 掌握电感式传感器的工作原理、结构；
- 掌握电感式传感器应用场合、使用及选用；
- 掌握电感式传感器的测量转换电路。

技能目标 》》》

- 具有对不同被测对象、不同工作环境下电感式传感器选型的能力；
- 具有对不同被测对象、不同工作环境选用不同的电感式传感器进行物位、位移的测量。

素质目标 》》》

- 培养学生合作能力；
- 培养学生获取新知识能力；
- 培养学生公共关系处理能力。

 项目任务

电感式传感器对位移的检测。

项目安排

步骤	教学内容及能力/知识目标	教师活动	学生活动	时间（分钟）
1. 案例导入	（1）汽车的倒车雷达；（2）自行车的码表	教师通过多媒体演示案例	学生边听讲边思考	10
		引导学生观察，思考并回答	讨论如何实现功能	
2. 分析任务	剖析任务，介绍相关的传感器	教师通过多媒体讲解	学生边听讲思考	60
		（1）介绍电感传感器的种类、工作原理、测量电路以及用途；（2）例举多种方案，并对方案给予比较	学生讨论确定方案	
3. 任务实施	确定电路；选择所用器件；制作并调试；填写任务报告书	引导学生确定电路	学生讨论电路	100
		引导学生讨论实训步骤	学生根据要求选择合适的模块及其他元件	
		分组指导并答疑	在实训台上进行电感传感器工作原理、测量电路的验证及物位检测	
			如实填写任务报告书，分析设计过程中的经验，编写实训报告	
4. 任务检查与评估	对本次任务进行检查	结合学生完成的情况进行点评	学生展示优秀设计方案和作品，最终确定考核成绩	30

 **项目资讯**

项目简介 〉〉〉

　　电感式传感器建立在电磁感应的基础上，把输入物理量，如位移、振幅、压力、流量、比重、力矩、应变等参数，转换为线圈的电感量和互感量的变化，再由测量转换电路转换为电流或电压的变化。因此，它能实现信息远距离传输、记录、显示和控制，在工业自动控制系统中被广泛采用。

电感式传感器具有结构简单、工作可靠、灵敏度高、分辨率高、线性度较好、测量精度高、零点稳定、输出功率较大等优点，在计量技术、工业生产和科学研究领域得到了广泛的应用。

知识储备 》》》

6.1.1　自感式传感器

1. 自感式传感器的工作原理

自感式传感器是指把被测量的变化转换成自感量的变化，通过一定的测量转换电路转换成电流或电压输出。如图 6-1 所示为自感式传感器的实验。图 6-1 中将一只额定电压为 380 V 的交流接触器线圈 3 与交流毫安表串联后，接到 36 V 交流电源上，这时交流毫安表的测量值为几十毫安。如果用手将接触器的衔铁 4 慢慢往下按，就会发现交流毫安表的读数在慢慢减小。当衔铁 4 与固定铁芯 1 的气隙 2 为零时，交流毫安表的读数只有十几毫安。

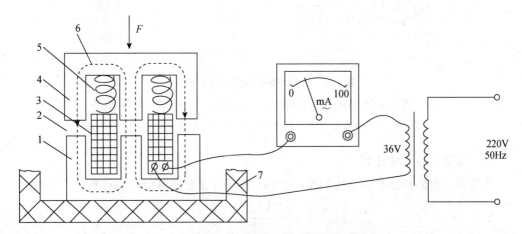

图 6-1　自感式传感器的实验

1—固定铁芯；2—气隙；3—线圈；4—衔铁；5—弹簧；6—磁力线；7—绝缘外壳

由电工知识可知，忽略线圈的直流电阻时，流过线圈的交流电流为

$$I = \frac{U}{Z} \approx \frac{U}{X_L} = \frac{U}{2\pi f L} \tag{6-1}$$

式中，I 为线圈的电流（A）；U 为线圈的电压（V）；f 为交流电频率（Hz）；L 为线圈的电感量（H）。

图 6-1 中，当衔铁 4 移动时，气隙 2 的厚度 σ 发生改变，引起磁路中磁阻变化，从而导致电感线圈 3 的电感值变化，流过线圈 3 的电流 I 也变化。因此，可以利用电感量随气隙改变的原理来制作测量位移的自感式传感器。

自感式传感器主要由线圈、铁芯、衔铁及测杆等组成。工作时，衔铁通过测杆（或转轴）与被测物体相接触，被测物体的位移将引起线圈电感量的变化。当传感器线圈接入测量转换电路后，电感量的变化将被转换成电流、电压或频率的变化，从而完成非电量到电量的转换。按磁路几何参数变化形式分，目前常用的自感式传感器可分为变隙式自感传感器、变截面式自感传感器和螺线管式自感传感器，其结构示意图如图 6-2 所示。

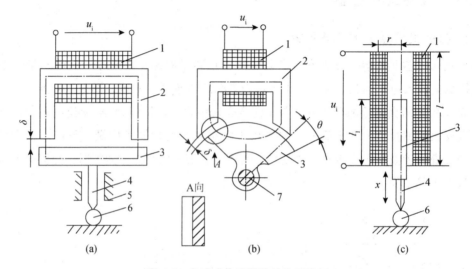

图 6-2　自感式传感器的结构示意图

（a）变隙式自感传感器；（b）变截面式自感传感器；（c）螺线管式自感传感器

1—线圈；2—铁芯；3—衔铁；4—测杆；5—导轨；6—被测物体；7—转轴

（1）变隙式自感传感器

变气隙式自感传感器的结构如图 6-2（a）所示，由磁路基础知识可知

$$L = \frac{N^2 \mu_0 A}{2\delta} \tag{6-2}$$

式中，N 为线圈匝数（匝）；μ_0 为空气磁导率（H/m）；A 为气隙的截面积（m²）；δ 为气隙厚度（m）。

由式（6-2）可知，当自感式传感器的线圈匝数及铁芯和衔铁的材料及形状确定后，线圈电感量就是气隙厚度和气隙的截面积的函数；如果气隙的截面积保持不变，线圈电感量则为气隙厚度的单值函数，从而构成了变隙式自感传感器。在实际应用中，变隙式自感传感器多用于测量线位移。

变隙式自感传感器的电感量与气隙厚度成反比，其输出特性如图 6-3 所示。

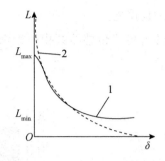

图 6-3　变隙式自感传感器的输出特性

1—实际输出特性；2—理想输出特性

（2）变截面式自感传感器

如果变隙式自感传感器的气隙厚度不变，铁芯与衔铁之间相对覆盖面积随被测物体的变化而改变，从而导致线圈电感量发生变化，这种形式称为变截面式自感传感器。变截面式自感传感器的结构如图 6-2（b）所示。其输出特性如图 6-4 所示。

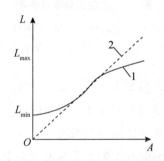

图 6-4　变截面式自感传感器的输出特性

1—实际输出特性；2—理想输出特性

（3）螺线管式自感传感器

螺线管式自感传感器的结构如图 6-2（c）所示，主要由一只螺线管和一根柱形衔铁组成，衔铁插入线圈中可来回移动。随着衔铁插入深度的不同会引起线圈中磁阻的变化，从而导致线圈电感量发生变化。

在这种螺线管式自感传感器中，活动衔铁随被测物体一起移动，导致线圈电感量发生变化。因此，这种传感器虽然测量范围大（检测位移量可从数毫米到数百毫米），但是灵敏度低，可广泛应用于测量大量程的直线位移中。

自感式传感器按组成方式可分为单一式自感传感器和差动式自感传感器。下面以差动式自感传感器为例进行介绍。

由于上述三种传感器的线圈中均通有交流励磁电流，因而衔铁始终承受电磁吸力，会引起附加误差，且非线性误差较大。另外，外界的干扰（如电源电压、频率、温度的变化）也会使输出产生误差，所以在实际工作中常采用差动形式，这样既可以提高传感器的灵敏度，又可以减小测量误差。

两个完全相同、单个线圈的自感式传感器共用一个活动衔铁就构成了差动式自感传感器，如图 6-5 所示。

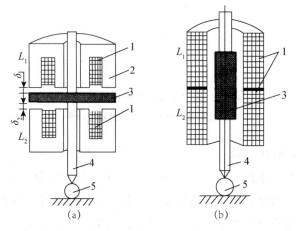

图 6-5　差动式自感传感器

（a）变隙差动式自感传感器；（b）螺线管差动式自感传感器

1—差动线圈；2—铁芯；3—衔铁；4—测杆；5—被测物体

差动式自感传感器的结构应满足以下要求：

①两个自感式传感器导磁体的几何尺寸完全相同。

②两个自感式传感器的材料和性能完全相同。

③两个自感式传感器线圈的电气参数和几何尺寸完全相同。

在差动式自感传感器中，当衔铁随被测物体移动而偏离中间位置时，两个线圈的电感量一个增加，一个减小，形成差动形式。如图 6-6 所示为差动式自感传感器的输出特性曲线。

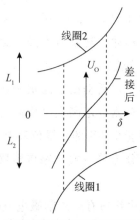

图 6-6　差动式自感传感器的输出特性曲线

1—上线圈的特性；2—下线圈的特性；3—差接后的特性

由图 6-6 可知，差动式自感传感器的线性度较好，输出曲线较陡。采用差动形式除了可以改善非线性度、提高灵敏度外，对电源电压与频率的波动及温度变化等外界影响也有补偿作用，从而提高了传感器的稳定性。

2. 自感式传感器的测量转换电路

为了测出电感量的变化，同时也为了将电感量送入下级电路进行放大和处理，自感式传感器要用测量转换电路把电感量转换为电流或电压的变化量。一般可将电感量的变化转换为电流或电压的幅值、频率和相位的变化，因此，这三种变化的电路可分别称为调幅电路、调频电路和调相电路。自感式传感器的测量转换电路一般采用调幅电路，调幅电路主要包括变压器电桥电路和交流电桥电路，而调频电路和调相电路用得较少。

（1）变压器电桥电路

变压器电桥电路如图 6-7 所示。电桥的工作桥臂为相邻的 Z_1 与 Z_2，它们是传感器两个线圈的阻抗，输出电压取自 A 点；另外两个桥臂为变压器次级线圈的 1/2 阻抗，输出电压取自 B 点，即变压器次级线圈的中心抽头。

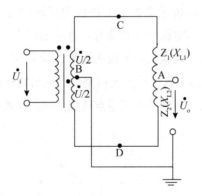

图 6-7　变压器电桥电路

当衔铁处于中间位置时，由于线圈完全对称，因此，$L_1=L_2=L_0$，$Z_1=Z_2=Z_0$。此时电桥桥路平衡，输出电压为 $\dot{U}_\circ$。$\dot{U}_\circ$ 表示电压的相量，它包含电压的幅值及相位。当衔铁下移时，下线圈的感抗增加，上线圈的感抗减小，输出电压的绝对值增大，其相位与励磁电源同相。当衔铁上移时，下线圈的感抗减小，上线圈的感抗增加，输出电压的绝对值减小，其相位与励磁电源反相。若在其测量转换电路的输出端接上普通指示仪表，则无法判别输出的相位和位移的方向。

变压器电桥电路的优点是元件少，输出阻抗小，开路时电路呈线性，因此，应用较广。

（2）交流电桥电路

由于交流电桥电路的结构不完全对称，初态时电桥不完全平衡，因而产生静态零偏压，称为零点残余电压。如图 6-8 所示为交流电桥电路的输出特性曲线，图中虚线为理想对称状态下的输出特性。

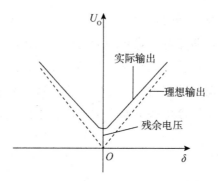

图 6-8　交流电桥电路的输出特性曲线

为了既能判断衔铁位移的大小，又能判断衔铁位移的方向，通常在交流电桥电路中引入相敏整流电路，把测量电桥的交流输出转换为直流输出，而后用零值居中的直流电压表测量电桥的输出电压。当衔铁向下移动时，直流电压表检流计的仪表指针正向偏转；当衔铁向上移动时，直流电压表检流计的仪表指针反向偏转，其输出特性如图 6-9 所示。由图 6-9 可知，交流电桥电路引入相敏整流电路后，输出特性曲线通过零点，输出电压的极性随位移方向而发生变化，同时消除了零点残余电压，还增加了线性度。

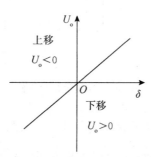

图 6-9　相敏整流电路的输出特性

6.1.2　差动变压器式传感器

电源中用到的单相变压器有一个一次绕组，若干个二次绕组。当一次绕组加上交流励磁电压 U_i 后，将在二次绕组中产生感应电动势 U。在全波整流电路中，两个二次绕组串联，总电压等于两个二次绕组的电压之和。但是若将其中一个二次绕组的同名端对调后再串联，则总电压相互抵消，这种接法称为差动接法。如果将变压器的结构加以改造，将铁芯做成可以活动的，就可以制成用于检测非电量的另一种传感器——

差动变压器式传感器。

差动变压器式传感器是一种能把机械位移转换成电信号的电磁感应互感式位移传感器。差动变压器式传感器的形式很多，但用于位移测量的大多为螺线管差动变压器式传感器。

1. 差动变压器式传感器的工作原理

差动变压器式传感器主要由一个线圈绝缘框架和一个衔铁组成。在线圈绝缘框架上绕有一组初级线圈作为输入线路（或称为一次绕组），在同一线圈绝缘框架上另外绕有两组次级线圈作为输出线圈（或称为二次绕组）。它们反相串联，组成差动形式，其结构如图 6-10 所示。

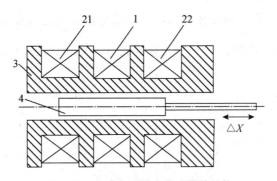

图 6-10　差动变压器式传感器的结构

1—初级线圈；21、22—次级线圈；3—线圈绝缘框架；4—衔铁

差动变压器式传感器工作在理想情况下（忽略涡流损耗、磁滞损耗和分布电容等影响），它的等效电路如图 6-11 所示。

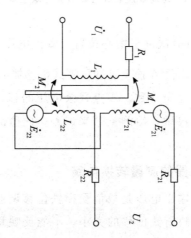

图 6-11　差动变压器式传感器的等效电路

图 6-11 中，σ_2 为一次绕组励磁电源电压，M_1、M_2 分别为一次绕组与两个二次绕组间的互感，L_1 和 R_1 分别为一次绕组的电感和有效电阻，L_{21} 和 L_{22} 分别为两个二次

绕组的电感，R_{21} 和 R_{22} 分别为两个二次绕组的有效电阻。

当差动变压器式传感器的衔铁处于中间位置时，因为由一次绕组励磁电源电压引起的感应电动势相同，所以两个二次绕组的互感相同。由于两个二次绕组反向串接，所以差动输出电动势为零。当衔铁向右移动时，在右边二次线圈内穿过的磁通比左边二次线圈多些，所以互感也大些，感应电动势 $\dot{E}_{21}$ 增加，另一个线圈的感应电动势 $\dot{E}_{22}$ 随衔铁向右偏离中心位置而逐渐减小；反之，当衔铁向左移动时，感应电动势 $\dot{E}_{21}$ 减小，$\dot{E}_{22}$ 增加。两个二次线圈的输出电压分别为 $\dot{U}_{21}$ 和 $\dot{U}_{22}$（空载时即为感应电动势 $\dot{E}_{21}$ 和 $\dot{E}_{22}$），如果将二次线圈反向串联，则传感器的输出电压 $\dot{U}_2 = \dot{U}_{21} - \dot{U}_{22}$。当衔铁移动时，$\dot{U}_2$ 就随着衔铁位移 x 成线性增加，其输出电压特性曲线如图 6-12 所示，形成 V 形特性。如果以适当方法测量 $\dot{U}_2$，就可以得到与 x 成正比的线性读数。

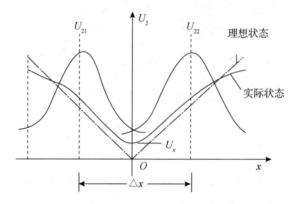

图 6-12　差动变压器式传感器输出电压特性曲线

从图 6-12 中可看出，当衔铁位于中心位置，输出电压 $\dot{U}_2$ 并不是零电位，这个电压就是零点残余电压 $\dot{U}_x$，它的存在使差动变压器式传感器的输出特性曲线不经过零点，造成实际特性和理论特性不完全一致。零点残余电压的存在，使得差动变压器式传感器的输出特性在零点附近不灵敏，给测量带来误差，此值的大小是衡量差动变压器式传感器性能好坏的重要指标。

2. 差动变压器式传感器的测量转换电路

差动变压器式传感器的输出电压是幅值受衔铁位移调制的交流信号，若用交流电压表测量其输出值，只能反映衔铁位移的大小，不能反映移动的方向。另外，其测量值必定含有零点残余电压。为了达到能辨别移动方向和消除零点残余电压的目的，实际测量时，常采用差动整流电路和相敏检波电路。

（1）差动整流电路

差动变压器式传感器最常用的测量转换电路是差动整流电路。如图 6-13 所示，把差动变压器式传感器的两个次级输出电压分别整流，然后将整流的电流或电压的差值作为输出。图 6-13（a）和图 6-13（b）为电流输出电路，用于连接低阻抗负载电路，图中的电位器 R_0 用于调整零点残余电压。图 6-13（c）和图 6-13（d）为电压输出电路，用于连接高阻抗负载电路。采用差动整流电路后，不但可以用零值居中的直流电压表指示输出电压或电流的大小和极性，还可以有效地消除零点残余电压，同时可使线性工作范围得到一定的扩展。

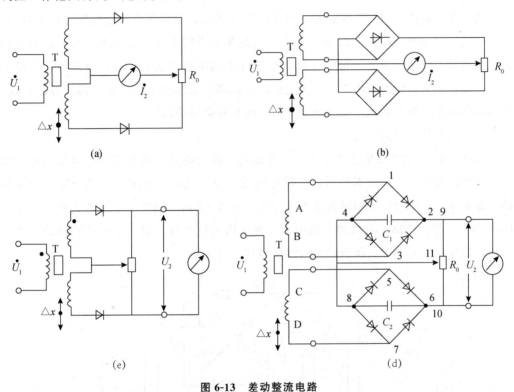

图 6-13 差动整流电路

（a）半波电流输出电路；（b）全波电流输出电路；（c）半波电压输出电路；（d）全波电压输出电路

下面结合图 6-13（d）全波电压输出电路，分析差动整流电路的工作原理。全波电压输出电路是根据半导体二极管的单向导通原理进行解调的，设某瞬间载波为正半周，此时差动变压器式传感器两个次级线圈的相位关系为 A 正 B 负、C 正 D 负。在上面的次级线圈中，电流自 A 点出发，流经电容 C_1 的电流方向为从 2 到 4，电容 C_1 两端的电压为 $\dot{U}_{24}$。在下面的次级线圈中，电流自 C 点出发，流经电容 C_2 的电流方向为从 6 到 8，电容 C_2 两端的电压为 $\dot{U}_{68}$。差动变压器式传感器的输出电压为上述两个电容电压之差，即

$$\dot{U}_2 = \dot{U}_{24} - \dot{U}_{68} \qquad (6\text{-}3)$$

同理，当某瞬间载波为负半周时，即差动变压器式传感器两个次级线圈的相位关系为 A 负 B 正、C 负 D 正，按照上述分析可知，不论两个次级线圈的输出瞬时电压的极性如何，流经电容 C_1 的电流方向总是从 2 到 4，流经电容 C_2 的电流方向总是从 6 到 8，因此，差动变压器式传感器的输出电压的表达式仍为 $\dot{U}_2 = \dot{U}_{24} - \dot{U}_{68}$。

当铁芯在中间位置时，由于 $\dot{U}_{24} = \dot{U}_{68}$，因而 $\dot{U}_2 = 0$；当铁芯在零位以上时，由于 $\dot{U}_{24} > \dot{U}_{68}$，因而 $\dot{U}_2 > 0$；当铁芯在零位以下时，由于 $\dot{U}_{24} < \dot{U}_{68}$，因而 $\dot{U}_2 < 0$。

铁芯在零位以上或以下时，输出电压的极性相反，于是零点残余电压会自动抵消。由此可见，差动整流电路可以不考虑相位调整和零点残余电压的影响。此外，差动整流电路还具有结构简单、分布电容影响小和便于远距离传输等优点，以获得了广泛的应用。在远距离传输时，将差动整流电路的整流部分放在差动变压器式传感器的一端，整流后的输出线延长，就可避免感应和引出线分布电容的影响。

（2）相敏检波电路

如图 6-14 所示为相敏检波电路的一种形式。相敏检波电路要求参考电压与差动变压器二次侧输出电压的频率相同，相位相同或相反，因此，常接入移相电路。为了提高检波效率，参考电压的幅值常取为信号电压的 3～5 倍。图中的电位器为调零电位器 R_P，当衔铁处于中间位置时调节电位器，使输出电压为零。对于小位移测量的差动变压器，若输出信号太小，相敏检波电路中可接入放大器。

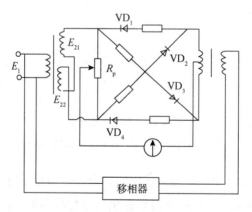

图 6-14　相敏检波电路

6.1.3　电涡流式传感器

当导体处于交变磁场中时，由于电磁感应铁芯会在内部产生自行闭合的电涡流，进而引起发热。因此，为了减小电涡流和避免发热，变压器和交流电动机的铁芯都是用硅钢片叠制而成的。

在检测领域，电涡流式传感器可以对位移、振幅、表面温度、速度、应力、金属板厚度及金属物件的无损探伤等物理量实现非接触式测量。

电涡流式传感器具有结构简单、频率响应快、灵敏度高、测量范围大、抗干扰能力强的优点，在工业生产和科学技术的各个领域中都得到了广泛的应用。

1．电涡流效应

根据法拉第电磁感应定律，金属导体置于变化的磁场中时，导体表面就会有感应电流产生。电流的流线在金属体内自行闭合，这种由电磁感应原理产生的旋涡状感应电流称为电涡流。电涡流的产生必然要消耗一部分能量，从而使产生磁场的线圈阻抗发生变化，这一物理现象称为电涡流效应。电涡流式传感器是利用电涡流效应，将非电量转换为阻抗的变化而进行测量的。

电涡流式传感器在金属体中产生的涡流，其渗透深度与传感器线圈的励磁电流的频率有关。根据电涡流在导体中的贯穿情况，通常把电涡流式传感器按励磁电源频率的高低分为高频反射式传感器和低频透射式传感器，前者的应用较为广泛。

2．电涡流式传感器的工作原理

电涡流式传感器的结构非常简单，如图 6-15 所示。它主要是一个固定在框架上的扁平圆线圈，线圈的导线要求选用电阻率小的材料，一般采用多股漆包铜线或银线绕制而成，放在传感器的端部。框架的材料要求损耗小，电性能好和热膨胀系数小，一般可选用聚四氟乙烯或高频陶瓷等。

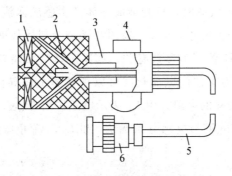

图 6-15　电涡流式传感器的结构

1—线圈；2—框架；3—框架衬套；4—支架；5—电缆；6—插头

由电工知识可知，线圈阻抗的变化与金属导体的电导率、磁导率等有关。对于非磁性材料，被测金属导体的电导率越高，则灵敏度越高。但被测金属导体若为磁性材料，则效果相反。因此，与非磁性材料相比，磁性材料的灵敏度低。

为了充分利用电涡流效应，被测金属导体环的半径应大于线圈半径的 1.8 倍，否则将导致灵敏度降低。被测金属导体为圆柱体时，它的直径必须为线圈直径的 3.5 倍以上，才不影响测量结果。被测金属导体的厚度不能太薄，一般情况下，被测金属导体的厚度在 0.2mm 以上，测量才不受影响。另外在测量时，传感器线圈周围除被测金属导体外，应尽量避开其他导体，以免干扰磁场，引起线圈的附加损失。

如图 6-16 所示为电涡流式传感器的工作原理。将一个扁平电感线圈 L_1 置于被测金属导体附近，当振荡器产生的高频电压施加给靠近金属板一侧的电感线圈 L_1 时，L_1 产生的高频磁场 H_1 作用于金属板的表面。

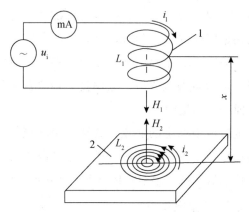

图 6-16　电涡流式传感器的工作原理

1—电感线圈；2—被测金属导体

由于趋肤效应，被测金属导体表面产生感应涡流 i_2 将产生一个新的磁场 H_2，H_1 和 H_2 方向相反，由于磁场 H_2 的反作用使通电线圈的有效阻抗发生变化。

当被测金属导体靠近线圈时，被测金属导体产生感应涡流 i_2 的大小与被测金属导体的电阻率 ρ、磁导率 μ、尺寸因子 γ、线圈与被测金属导体间的距离 x、以及线圈励磁电流大小和励磁电源频率 f 等参数有关。如固定其中某些参数，就能按涡流的大小测量出另外一些参数。为了使问题简化，可以把被测金属导体理解为一个短路线圈，并用 R_2 表示这个短路线圈的电阻，用 L_2 表示电感，用 M 表示它与空心线圈之间的互感，再假设空心线圈的电阻与电感分别为 R_1 和 L_1，就可画出如图 6-17 所示的等效电路。

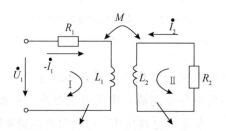

图 6-17　电涡流式传感器的等效电路

经推导，电涡流线圈受被测金属导体影响后的等效阻抗为

$$Z = R + j\omega L = F(\rho, \mu, f, \gamma, x) \tag{6-4}$$

式中，ρ 为被测金属导体的电阻率（$\Omega \cdot m$）；μ 为被测金属导体的磁导率（H/m）；f 为线圈励磁电源电压的频率（Hz）；γ 为线圈与被测金属导体的尺寸因子；x 为线圈与被测金属导体间的距离（m）。

当被测金属导体和电涡流式传感器的探头被确定以后，影响电涡流式传感器线圈阻抗 Z 的一些参数是不变的，此时只有线圈与被测金属导体间的距离 x 的变化量与线圈阻抗 Z 有关，只要通过检测电路测出线圈阻抗 Z 的变化量，就实现了对被测金属导体位移量的检测。

3. 电涡流式传感器的测量转换电路

电涡流式传感器的线圈与被测金属导体间的距离 x 的变化可以转换为品质因数、阻抗、线圈电感量三个参数的变化。检测电路的任务就是将这种变化转换为相应的电流、电压或频率输出。一般来说，利用品质因数的测量转换电路使用较少，这里不做讨论。利用阻抗的测量转换电路一般采用电桥电路，属于调幅电路。利用线圈电感量的测量转换电路一般采用谐振电路，根据输出是电压幅值还是电压频率，谐振电路又可分为调幅和调频两种。

（1）电涡流式传感器的电桥电路

电桥电路结构简单，主要用于差动电涡流式传感器中，如图 6-18 所示。图中 L_1 和 L_2 为差动电涡流式传感器的两个线圈，分别与选频电容 C_1 和 C_2 并联组成相邻的两个桥臂，与电阻 R_1 和 R_2 组成另外两个桥臂，电源 u 由振荡器供给，振荡频率根据电涡流式传感器的需求选择。电桥将反应线圈阻抗的变化，线圈阻抗的变化将转换成电压幅值的变化。

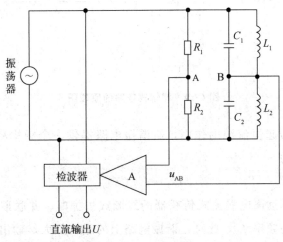

图 6-18　电涡流式传感器的电桥电路

当静态时，电桥平衡，输出电压 $u_{AB}=0$。当传感器接近被测金属导体时，电涡流式传感器的线圈阻抗发生变化，电桥失去平衡，即 $u_{AB}\neq0$，经过线性放大和检波器检波后输出直流电压 U，显然此输出电压 U 与被测距离成正比，可以实现对位移量的测量。

（2）电涡流式传感器的谐振电路

谐振电路可将电涡流式传感器线圈的等效电感的变化转换为电流或电压的变化。电涡流式传感器线圈与电容并联组成并联谐振电路。该并联谐振电路的谐振频率为

$$f_0=\frac{1}{2\pi\sqrt{LC}} \tag{6-5}$$

式中，f_0 为谐振电路的谐振频率（Hz）；L 为电涡流式传感器线圈的电感（H）；C 为谐振电路的电容（F）。

谐振电路的等效阻抗最大，即

$$Z_0=\frac{L}{R'C} \tag{6-6}$$

式中，R' 为谐振电路的等效损耗电阻（Ω）。

当电涡流式传感器线圈的电感发生变化时，谐振电路的等效阻抗和谐振频率都将随线圈电感量的变化而变化，因此，可以利用测量谐振电路阻抗的方法或测量谐振电路频率的方法间接测出电涡流式传感器的被测值。测量谐振电路阻抗的电路为调幅式电路，测量谐振电路频率的电路为调频式电路。

①调幅式电路。调幅式电路是以输出高频信号的幅度来反映电涡流式传感器的探头与被测金属导体之间的关系。如图 6-19 所示为调幅式电路的原理图。

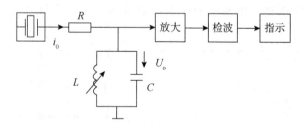

图 6-19　调幅式电路的原理图

石英晶体振荡器起恒流源的作用，给谐振电路提供一个频率稳定的励磁电流 i_0，谐振电路输出电压为

$$U_0=i_0f(Z) \tag{6-7}$$

当被测金属导体远离电涡流式传感器的线圈或去掉时，并联谐振电路的谐振频率即为石英晶体的振荡频率 f_0，此时，谐振电路上的阻抗最大，输出电压也最大；当被测金属导体靠近电涡流式传感器的线圈时，线圈与被测金属导体间的距离 x 变化，导

致线圈的等效电感发生变化,谐振电路的谐振频率和等效阻抗也跟着发生变化,致使谐振电路失谐而偏离励磁电源频率,谐振峰将向左或向右移动。

②调频式电路。调频式电路的原理图如图 6-20 所示,电涡流式传感器线圈作为组成 LC 振荡器的电感元件,当电涡流式传感器的等效电感 L 发生变化时,引起振荡器的振荡频率变化,该频率可直接由数字频率计测得,或通过 U/f 转换后用数字电压表测量出对应的电压。这种方法稳定性较差,因为 LC 振荡器的频率稳定性最高只有 10^{-5} 数量级,虽然可以通过扩大调频范围来提高稳定性,但调频的范围不能无限制扩大。

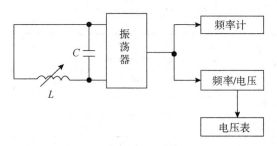

图 6-20　调频式电路的原理图

采用这种测量转换电路时,不能忽略电涡流式传感器与振荡器之间连接电缆的分布电容,很小电容量的变化将使频率变化几千赫兹,严重影响测量结果,因此,可设法把振荡器的电容元件和电涡流式传感器的线圈组装成一体。

项目工单

模块 6	位移传感器的应用		
项目 1	电感式传感器的应用	学时	4
组长		小组成员	
小组分工			
一、项目描述			
电感式传感器对位移的检测。			
二、项目计划			
1. 确定本工作任务需要使用的工具和辅助设备,填写下表。			

（续表）

模块 6	位移传感器的应用		

项目名称			
各工作流程	使用的器件、工具	辅助设备	备注

三、项目决策

1. 分小组讨论，分析阐述各自制订的设计制作计划，确定实施方案；

2. 老师指导确定最终方案；

3. 每组选派一位成员阐述方案。

四、项目实施

任务 1　电涡流传感器的位移特性实训

一、实训目的

了解电涡流传感器测量位移的工作原理和特性。

二、实训仪器

电涡流传感器、铁圆盘、电涡流传感器模块、测微头、直流稳压电源、数显直流电压表、测微头。

三、实训原理

通过高频电流的线圈产生磁场，当有导电体接近时，因导电体涡流效应产生涡流损耗，而涡流损耗与导电体离线圈的距离有关，因此可以进行位移测量。

四、实训内容与步骤

1. 按图 6-21 安装电涡流传感器。

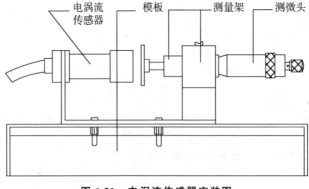

图 6-21　电涡流传感器安装图

（续表）

模块 6	位移传感器的应用

2. 在测微头端部装上铁质金属圆盘，作为电涡流传感器的被测体。调节测微头，使铁质金属圆盘的平面贴到电涡流传感器的探测端，固定测微头。如图 6-22 所示。

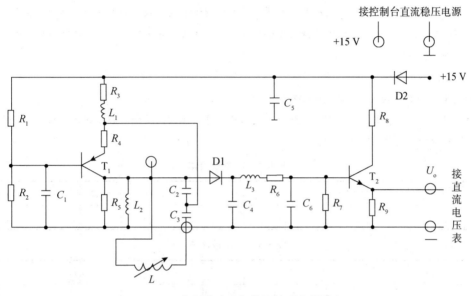

图 6-22　在测微头端部装上铁质金属圆盘

3. 传感器连接按图 6-22，将电涡流传感器连接线接到模块上标有"〰〰〰"的两端，实训模块输出端 U_o 与数显单元输入端 U_i 相接。数显表量程切换开关选择电压 20 V 挡，模块电源用连接导线从实训台接入 +15 V 电源。

4. 打开实训台电源，记下数显表读数，然后每隔 0.2 mm 读一个数，直到输出几乎不变为止。将结果填如表 6-1 中。

表 6-1　数显表读数

X/mm											
U_o/V											

五、实训报告

根据表 6-1 数据，画出 $U-X$ 曲线，根据曲线找出线性区域及进行正、负位移测量时的最佳工作点，并计算量程为 1 mm、3 mm 及 5 mm 时的灵敏度和线性度（可以用端点法或其它拟合直线）。

任务 2　被测体材质、面积大小对电涡流传感器的特性影响实训

一、实训目的

了解不同的被测体材料对电涡流传感器性能的影响。

二、实训仪器

除实训十九所需仪器外，另加铜和铝的被测体圆盘。

（续表）

模块 6	位移传感器的应用

三、实训原理

涡流效应与金属导体本身的电阻率和磁导率有关，因此不同的材料就会有不同的性能。在实际应用中，由于被测体的材料、形状和大小不同会导致被测体上涡流效应的不充分，会减弱甚至不产生涡流效应，因此影响电涡流传感器的静态特性，所以在实际测量中，往往必须针对具体的被测体进行静态特性标定。

四、实训内容与步骤

1. 将电涡流传感器安装到电涡流传感器实训模块上。

2. 重复电涡流位移特性实训的步骤，将铁质金属圆盘分别换成铜质金属圆盘和铝质金属圆盘。将实训资料分别记入表 6-2、6-3 中。

表 6-2　铜质被测体

X/mm									
V/V									

表 6-3　铝质被测体

X/mm									
V/V									

3. 重复电涡流位移特性实训的步骤，将被测体换成比上述金属圆片面积更小的被测体，将实训资料记入表 6-4 中。

表 6-4　小直径的铝质被测体

X/mm									
V/V									

五、实训报告

根据表 6-1、表 6-2 和表 6-3 分别计算量程为 1 mm 和 3 mm 时的灵敏度和非线性误差（线性度）。

五、项目检查

1. 学生填写检查单；

2. 教师填写评价表；

3. 学生提交实训心得。

六、项目评价

1. 小组讨论，自我评述完成情况及发生的问题，小组共同给出提升方案和效率的建议；

2. 小组准备汇报材料，每组选派一人进行汇报；

3. 老师对方案评价说明。

（续表）

模块 6	位移传感器的应用
学生自我总结：	
指导老师评语：	
项目完成人签字：　　　　　　日期：　　年　　月　　日	
指导老师签字：　　　　　　　日期：　　年　　月　　日	

小组成员考核表（学生互评）

专业：	班级：	组号：
课程：传感器与检测技术	项目：	组长：

小组成员编号

1：	2：	3：	4：

考核标准

类别	考核项目	成员评分			
		1	2	3	4
学习能力	学习目标明确				
	有探索和创新意识、学习新技术的能力				
	利用各种资源收集并整理信息的能力				
方法能力	掌握所学习的相关知识点				
	能做好课前预习和课后复习				
	能熟练运用各种工具或操作方法				
	能熟练完成项目任务				
社会能力	学习态度积极，遵守课堂纪律；				
	能与他人良好沟通，互助协作				
	具有良好的职业素养和习惯				
累计（满分100）					

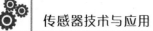

（续表）

类别	考核项目	成员评分			
		1	2	3	4
	小组考核成绩（作为个人考核系数）				
	总评（满分100）				

注：①本表用于学习小组组长对本组成员进行评分；

②每项评分从1～10分，每人总评累计为100分；

③每个成员的任务总评＝成员评分×（小组考核成绩/100）。

项目 2　超声波传感器的应用

　项目目标

知识目标 》》

- 掌握超声波传感器的工作原理、结构；
- 掌握超声波传感器应用场合、使用及选用；
- 掌握超声波传感器的测量转换电路。

技能目标 》》

- 具有对不同被测对象、不同工作环境下超声波传感器选型的能力；
- 具有对不同被测对象、不同工作环境选用不同的超声波传感器进行物位、位移的测量。

素质目标 》》

- 培养学生合作能力；
- 培养学生获取新知识能力；
- 培养学生公共关系处理能力。

　项目任务

超声波传感器对位移的检测。

 项目安排

步骤	教学内容及能力/知识目标	教师活动	学生活动	时间/分钟
1. 案例导入	（1）汽车的倒车雷达；（2）医院的B超	教师通过多媒体演示案例	学生边听讲边思考	10
		引导学生观察，思考并回答	讨论如何实现功能	
2. 分析任务	剖析任务，介绍相关的传感器	教师通过多媒体讲解	学生边听讲边思考	50
		（1）介绍超声波传感器的种类、工作原理、测量电路以及用途；（2）例举多种方案，并对方案给予比较	学生讨论确定方案	
3. 任务实施	确定电路；选择所用器件；制作并调试；填写任务报告书	引导学生确定电路	学生讨论电路	110
		引导学生选择器件	学生根据控制要求选择合适的超声波传感器及其他元件	
		分组指导并答疑	绘制电路原理图	
		分组指导并答疑	设计印制电路板并制作	
		分组指导并答疑	焊接、调试	
		分组指导并答疑	如实填写任务报告书，分析设计过程中的经验，编写设计总结	
4. 任务检查与评估	对本次任务进行检查	结合学生完成的情况进行点评	学生展示优秀设计方案和作品，最终确定考核成绩	30

 项目资讯

项目简介 〉〉〉

　　超声波传感器是利用超声波的特性而工作的传感器。超声波是一种振动频率高于

声波即 20 kHz 的机械波，由换能晶片在高频电压的激励下发生振动产生的，它具有频率高、波长短、绕射现象小，特别是方向性好、能够定向传播等特点。超声波对液体、固体的穿透本领很大，尤其是在阳光不透明的固体中，它可穿透几十米的深度。超声波碰到杂质或分界面会产生显著反射形成反射成回波，碰到活动物体能产生多普勒效应。基于超声波特性工作的传感器称为"超声波传感器"，广泛应用在工业、国防、生物医学等领域。

知识储备 》》》

6.2.1 超声波的物理性质

1. 超声波的本质

振动频率高于 20 kHz 的机械振动波称为超声波。超声波具有指向性好、能量集中、穿透本领大等特点，在遇到两种介质的分界面（如钢板与空气的交界面）时，能产生明显的反射和折射现象。

2. 超声波的传播方式

超声波的传播波型主要可分为纵波、横波和表面波。

（1）纵波。纵波是质点的振动方向与传播方向一致的波。纵波中质点间的力是挤压力或拉伸力。这种力在气态、液态和固态介质质点间均可发生，所以纵波可以产生在气态、液态和固态的各种介质中。如敲锣时，锣的振动方向与声波的传播方向是一致的，此时的声波就是纵波。

（2）横波。横波是指质点的振动方向与传播方向相互垂直的波。横波质点间的力是垂直传播方向的切向力。这种力只有固态介质质点间才能产生，所以横波只存在于固体介质中，如电磁波、光波就是横波。

（3）表面波。表面波是一种前进的重力波，固体的质点在固体表面的平衡位置附近作椭圆轨迹振动，使振动波只沿固体的表面向前传播，且具有很大的振幅。

3. 声速和波长

（1）声速。声速是指超声波在单位时间内波动传播的距离。声速的大小取决于介质的弹性系数、介质的密度以及声阻抗。声速和介质密度的关系式为

$$Z = c\rho \tag{6-8}$$

式中，Z 为材料的声阻抗（MPa·s/m³）；c 为声音在材料中的传播速度（km/s）；ρ 为材料的密度（10^3 kg/m³）。

当环境温度为 0℃ 时，几种常用材料的声阻抗、声速与密度的关系如表 6-5 所示。

表 6-5　常用材料的声阻抗、声速与密度的关系

材料	声阻抗 Z/（MPa·s/m³）	声速 c/（km/s）	密度 ρ/（10^3kg/m³）
钢	46	5.9	7.8
铝	17	6.3	2.7
铜	42	4.7	8.9
有机玻璃	3.2	2.7	1.18
甘油	2.4	1.9	1.26
油	1.28	1.4	0.9
空气	0.0004	0.34	0.0012

（2）波长。波长是指波动传播过程中相邻的两个周期内对应点的距离，或相邻的两个波峰或波谷间的距离。超声波的波长 λ、声速 c、频率 f 三者之间的关系式为

$$c = \lambda f \tag{6-9}$$

4. 超声波的反射与折射

当超声波从一种介质向另一种介质传播时，如果两者的声阻抗不同，就会在其分界面上产生反射和透射现象，使一部分能量返回第一种介质，另一部分能量穿过分界面进入第二种介质。当两种不同的介质声阻抗相差较大时，便会产生超声波反射。如果分界面的尺寸大于声束的直径，这时其遵循反射定律，即反射角等于入射角。显然，当超声波的入射角大于 0°时，由于反射角等于入射角，反射的声束就不能全部被同一探头所接收。当超声波的入射角接近 0°时，反射的声束就可全部被同一探头所接收，所以在超声诊断中，应该不断地转动探头，使声束入射的方向与探测器的表面垂直，以得到尽可能多的反射声波。

6.2.2　超声波传感器的应用

1. 超声波测厚

测量工件厚度的方法很多，由于超声波测厚仪的量程范围大、无损、便携，因而可被广泛应用。但在使用时要注意，超声波测厚仪的测量精度与温度及材料的材质有关。如图 6-23 所示为超声波测厚的原理图。

图 6-23 中双晶直探头发出超声波信号，当超声波碰到下壁时被反射回来。双晶直探头 1 从发射到接收信号之间的时间间隔 t，再乘以超声波在该材料中的传播速度 c（定值），就是超声波脉冲在被测工件中经过的来回距离，即

$$\sigma = \frac{1}{2}ct \tag{6-10}$$

式中，σ 为工件的厚度（m）；t 为从发射到接收信号之间的时间间隔（s）。

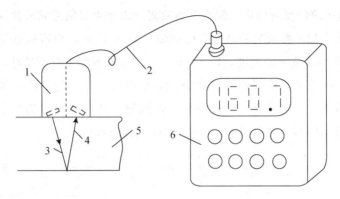

图 6-23   超声波测厚的原理图

1—双晶直探头；2—引线电缆；3—入射波；4—反射波；5—工件；6—测厚显示器

2. 超声波清洗机

超声波清洗机把每秒高达几十赫兹的超声波信号转化成上下振动的振动波，并通过清洗槽底部或侧面作用于清洗液中，在清洗液中将产生无数个微小气泡，这微小的气泡在超声波的作用下会不断地产生，又不断地闭合，在闭合时，会在液体之间互相碰撞而产生有很多压力的冲击波，这就是超声波的空化效应。超声波清洗机就是利用超声波的空化效应产生的几千个大气压的冲击波彻底地清洗工件表面的污垢，从而达到清洁的目的。

超声波清洗机具有以下优点：

（1）清洗速度快，清洗效果好，清洁度高，对工件表面没有损伤。

（2）安全可靠，不需要人手接触清洗液，属于非接触式测量，对深孔、细缝和工件隐蔽处也可以清洗干净。

（3）清洗精度高，可以清洗微小的污渍颗粒。

超声波清洗机可应用在以下场合：

（1）机械行业，如防锈油脂的去除，机械零部件的除油除锈，发动机、汽车零件的清洗等。

（2）表面处理行业，如电镀前的除油除锈，清除积炭，清除氧化皮，金属工件表面活化处理等。

（3）仪器仪表行业，如精密零件的装配前高清洁度的清洗等。

（4）医疗行业，如医疗器械的清洗、消毒、杀菌和实验器皿的清洗等。

（5）半导体行业，如半导体晶片的高清洁度清洗。

（6）钟表首饰行业，如清除油泥、灰尘、氧化层、抛光膏等。

3. 超声波测量液位

如图 6-24 所示，在液面 1 的上方安装一个超声波发射和接收的装置——空气超声探头 3，根据超声波的反射原理，测出发射装置发出超声波信号到液面反射回来超声波信号的时间。由于超声波安装的高度是已知的，即 σ_2 已知，只需根据测厚的公式算出 σ_1 的高度即可算出液位 σ 的高度，即 $\sigma = \sigma_2 - \sigma_1$。如果液面 1 有所晃动，超声波就会发生散射的现象，接收装置就很难接收到完整的超声波信号，所以要将超声波限制在一定的场合中。由于声音随着温度的改变而发生温漂现象，因而在超声波传播路径上安装一个反射小板 4 作为标准参照物，以便计算时能进行修正。

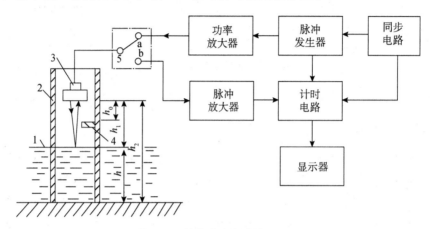

图 6-24　超声波液位计的原理图

1—液面；2—直管；3—空气超声探头；4—反射小板；5—电子开关

4. 超声波防盗报警器

如图 6-25 所示为超声波防盗报警的原理图，上半部分为发射部分，下半部分为接收部分。超声波防盗报警器的发射和接受装置装在同一块电路板上。发射装置发射出频率为 40 kHz 左右的连续超声波。如果有人进入信号区域，且相对速度为 v，从人体反射回接收装置的超声波将会由于多普勒效应的发生，而使频率发生 Δf 大小的偏移量。

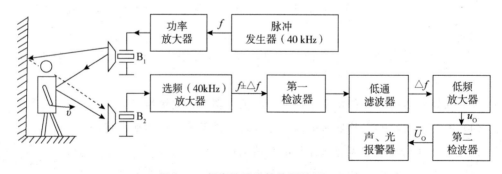

图 6-25　超声波防盗报警器的原理图

多普勒效应是指波源在向观察者移动时接收频率变高，波源远离观察者时接收频率变低。例如，火车的汽笛声，当火车靠近观察者时，其汽笛声会比平常刺耳。

多普勒效应只对运动的物体起作用，使用多普勒效应可以排除墙壁、家具的影响（它们是静止的，其频率不会发生变化）。由于振动和气流也会产生多普勒效应，因而超声波防盗报警器多用于室内。运用多普勒效应还能测量运动物体的速度，液体、气体的流速，从而防止汽车发生碰撞和追尾等事故。

5. 超声波无损探伤

（1）超声波无损探伤的概念。超声波无损探伤是目前应用相当广泛的无损探伤手段。它包括超声波无损检测 NDT、超声波无损检查 NDI 和超声波无损评价 NDE。NDT 只能检测出工件的缺陷，NDI 是以 NDT 检测的结果为判定依据，而 NDE 则是对被测对象的完整性、可靠性等进行综合评价。近年来，超声波无损探伤已逐步从 NDT 向 NDE 过渡。

（2）超声波无损探伤的分类。超声波无损探伤分为以下几种类型：

①A 型超声波无损探伤。A 型超声波无损探伤的结果是以二维坐标形式给出的，其横坐标为时间轴，纵坐标为反射波强度，可以从二维坐标中分析出缺陷的深度和大概尺寸，但很难识别缺陷的性质和类型。A 型超声波探伤仪的外形如图 6-26 所示。

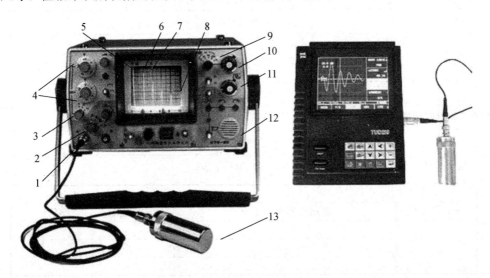

图 6-26　A 型超声波探伤仪的外形

（a）台式 A 型探伤仪；（b）便携式 A 型探伤仪

1—电缆插头座；2—工作方式选择；3—衰减细调；4—衰减粗调；5—发射波 T；

6—第一次底反射波 B；7—第二次底反射波 B；8—第五次底反射波 B；9—扫描时间调节；

10—扫描时间微调；11—脉冲 x 轴移位；12—报警扬声器；13—直探头

②B 型超声波无损探伤。B 型超声波无损探伤的原理类似于医学上的 B 超，它将探头的扫描距离作为横坐标，探伤深度作为纵坐标，以屏幕的辉度（亮度）来反映反射

波的强度。探头的扫描是通过采用计算机控制一组发射晶片阵列（线阵）来完成与机械式移动探头相似的扫描动作，具有扫描速度快、定位准确等特点。

③C 型超声波无损探伤。目前发展最快的是 C 型超声波无损探伤，它类似于医学上 CT 扫描的工作原理，采用计算机控制探头中的三维晶片阵列，使探头在材料的纵深方向上进行扫描，因此，可绘制出材料内部缺陷的横截面图。

C 型超声波无损探伤可以在屏幕上控制该立体图像，以任意角度来观察缺陷的大小和走向。当需要观察缺陷的细节时，还可以对该缺陷图像进行放大（放大倍数可达几十倍），并显示出图像的各项数据，如缺陷的面积、尺寸等。对每一个横断面都可以做出相应的评判，并确定其是否超出设定标准。每一次扫描的原始数据都被记录并保存，可以在以后的任何时刻调用，并打印出探伤的结果。

 **项目工单**

模块 6	位移传感器的应用		
项目 2	超声波传感器的应用	学时	4
组长		小组成员	
小组分工			
一、项目描述			
超声波传感器对位移的检测。			
二、项目计划			

1. 确定本工作任务需要使用的工具和辅助设备，填写下表。

项目名称			
各工作流程	使用的器件、工具	辅助设备	备注

三、项目决策

1. 分小组讨论，分析阐述各自制定的设计制作计划，确定实施方案；

2. 老师指导确定最终方案；

3. 每组选派一位成员阐述方案。

（续表）

模块 6	位移传感器的应用

四、项目实施

任务　超声波测距实训

一、实训目的

学习超声波测距的方法。

二、实训仪器

超声波传感器实训模块、超声波发射接受器、反射板、直流稳压电源。

三、实训原理

超声波是听觉阈值以外的振动，其频率范围 $10^4 \sim 10^{12}$ Hz，超声波在介质中可产生三种形式的振荡：横波、纵波和表面波，其中横波只能在固体中传播，纵波能在固体、液体和气体中传播，表面波随深度的增加其衰减很快。超声波测距中采用纵波，使用超声波的频率为 40 kHz，其在空气中的传播速度近似 340 m/s。

当超声波传播到两种不同介质的分界面上时，一部分声波被反射，另一部分透射过界面。但若超声波垂直入射界面或者一很小的角度入射时，入射波完全被反射，几乎没有透射过界面的折射波。这里采用脉冲反射法测量距离，因为脉冲反射不涉及共振机理，与被测物体的表面光洁度关系不密切。被测 $D = CT/2$，其中 C 为声波在空气中的传播速度，T 为超声波发射到返回的时间间隔。为了方便处理，发射的超声波被调制成 40 kHz 左右，具有一定间隔的调制脉冲波信号。测距系统框图如下图所示，由图可见，系统由超声波发送、接收、MCU 和显示四个部分组成。

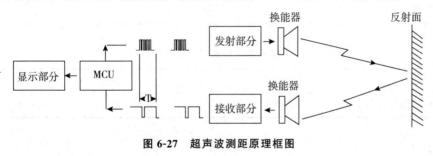

图 6-27　超声波测距原理框图

四、实训内容与步骤

1. 将超声波发射接收器引出线接至超声波传感器实训模块，并将 +15 V 直流稳压电源接到超声波传感器实训模块。

2. 打开实训台电源，将反射板正对超声波发射接收器，并逐渐远离超声波发射接收器。用直板尺测量超声波发射接收器到反射板的距离，从 60 mm 至 200 mm 每隔 5 mm 记录一次超声波传感器实训模块显示的距离值。

五、实训报告

根据所记录实训数据，计算超声波传感器测量距离的相对误差。

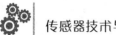

（续表）

模块 6	位移传感器的应用

<table>
<tr><td colspan="2" align="center">五、项目检查</td></tr>
<tr><td colspan="2">1. 学生填写检查单；</td></tr>
<tr><td colspan="2">2. 教师填写评价表；</td></tr>
<tr><td colspan="2">3. 学生提交实训心得。</td></tr>
<tr><td colspan="2" align="center">六、项目评价</td></tr>
<tr><td colspan="2">1. 小组讨论，自我评述完成情况及发生的问题，小组共同给出提升方案和效率的建议；</td></tr>
<tr><td colspan="2">2. 小组准备汇报材料，每组选派一人进行汇报；</td></tr>
<tr><td colspan="2">3. 老师对方案评价说明。</td></tr>
<tr><td colspan="2">学生自我总结：

</td></tr>
<tr><td colspan="2">指导老师评语：

</td></tr>
<tr><td colspan="2">项目完成人签字：　　　　　　　日期：　　　年　　月　　日</td></tr>
<tr><td colspan="2">指导老师签字：　　　　　　　　日期：　　　年　　月　　日</td></tr>
</table>

小组成员考核表（学生互评）

专业：	班级：	组号：
课程：传感器与检测技术	项目：	组长：

小组成员编号

1：	2：	3：	4：

考核标准

类别	考核项目	成员评分			
		1	2	3	4
学习能力	学习目标明确				
	有探索和创新意识、学习新技术的能力				
	利用各种资源收集并整理信息的能力				

（续表）

类别	考核项目	成员评分			
		1	2	3	4
方法能力	掌握所学习的相关知识点				
	能做好课前预习和课后复习				
	能熟练运用各种工具或操作方法				
	能熟练完成项目任务				
社会能力	学习态度积极，遵守课堂纪律				
	能与他人良好沟通，互助协作				
	具有良好的职业素养和习惯				
累计（满分100）					
小组考核成绩（作为个人考核系数）					
总评（满分100）					

注：①本表用于学习小组组长对本组成员进行评分；

②每项评分从 1～10 分，每人总评累计为 100 分；

③每个成员的任务总评＝成员评分×（小组考核成绩/100）。

模块 7 光电传感器的应用

知识点

- 掌握光电传感器的工作原理、结构；
- 掌握光电传感器应用场合、使用及选用；
- 掌握光电传感器的基本电路；
- 掌握多种传感器的综合应用知识；
- 掌握电路设计、分析的能力。

技能点

- 具有对不同被测对象、不同工作环境选用不同的光电传感器进行物位、位移等待测量的测量；
- 能够根据测量要求，结合各类光电元件特点，选择合适的型号，并能够熟悉光电传感器的基本电路；
- 能够根据测量要求，选择合适的多种类型的传感器综合使用，并能够熟悉多种应用电路。

模块学习目标

光电传感器是基于光电效应的传感器，当收到光的照射时，能将光信号转换为电信号。光电传感器除了能直接测量光照强度之外，更多的是利用光的反射、折射、透射、衍射、干涉等光的现象来进行相关量的测量，如位移、物位、颜色等等，在现代社会是一种应用极其广泛的传感器。由于光电传感器是典型的非接触式的传感器，测量时不与被测对象接触，而且光的质量近乎为零，因此在测量过程中，对被测对象不会有任何影响，使得光电传感器测量精度高，相应快，在许多测量环境中相比其他类型的传感器更具优势。

本模块介绍各类基于各种光电效应的光电元件，通过学习了解光电传感器的结构、类型，掌握各类光电传感器的特性和基本电路，并能利用合适的光电元件和电路进行相关量的测量，初步具有光电传感器的应用能力和电路分析能力。

项目 1　光控报警电路的制作

 项目目标

知识目标 》》

- 掌握光电传感器的工作原理、结构；
- 掌握光电传感器应用场合、使用及选用；
- 掌握光电传感器的测量转换电路。

技能目标 》》

- 具有对不同被测对象、不同工作环境选用不同的光电传感器进行物位、位移的测量；
- 能够根据测量要求，结合各类光电元件特点，选择合适的型号，并能够熟悉多种应用方法。

素质目标 》》

- 培养学生合作能力；
- 培养学生获取新知识能力；
- 培养学生公共关系处理能力。

 项目任务

（1）各类光电元件的认知；
（2）光控报警电路的制作。

项目安排

步骤	教学内容及能力/知识目标	教师活动	学生活动	时间/分钟
1. 案例导入	(1) 宾馆门口的光电自动门；(2) 楼道灯光控制	教师通过多媒体演示案例	学生边听讲边思考	10
		引导学生观察，思考并回答	讨论如何实现功能	
2. 分析任务	剖析任务，介绍相关的传感器	教师通过多媒体讲解	学生边听讲边思考	160
		(1) 介绍光电传感器的种类、工作原理、测量电路以及用途；(2) 例举多种方案，并对方案给予比较	学生讨论确定方案	
3. 任务实施	确定电路；选择所用器件；制作并调试；填写任务报告书	引导学生确定电路	学生讨论电路	400
		引导学生选择器件	学生根据控制要求选择合适的光电传感器及其他元件	
		分组指导并答疑	绘制电路原理图	
		分组指导并答疑	设计印制电路板并制作	
		分组指导并答疑	焊接、调试	
		分组指导并答疑	如实填写任务报告书，分析设计过程中的经验，编写设计总结	
4. 任务检查与评估	对本次任务进行检查	结合学生完成的情况进行点评	学生展示优秀设计方案和作品，最终确定考核成绩	30

项目资讯

项目简介 》》》

　　光电式传感器是一种采用光电元件作为检测元件的传感器。它先把被测量的变化转换为光信号的变化，再借助光电元件进一步将光信号转换为电信号。光电式传感器由光源、光学通路和光电元件组成。

光电式传感器可用于检测直接引起光量变化的非电量，如光强、光照度、气体成分分析等；也可用来检测能转化为光量变化的其他非电量，如零件的直径、表面的粗糙度、应变量、位移、速度、加速度以及物体的形状和工作状态的识别等。

光电式传感器的检测方法具有高精度、反应较快、非接触式测量等优点，而且可测量的参数较多。由于其结构比较简单，形式灵活多样，因此，在检测和控制中应用十分广泛。

知识储备 〉〉〉

7.1.1　光电效应

光电式传感器的工作基础是光电效应。当用光照射在某一物体上时，可以看做是物体受到一连串能量为 hf 的光子轰击，组成这种物体的材料吸收了光子能量而发生相应电效应的现象称为光电效应。光电效应可分为外光电效应、内光电效应和光生伏特效应。

1. 外光电效应

外光电效应是指在光线的作用下使电子逸出物体表面的光电效应。常见的基于外光电效应的光电元件有光电管、光电倍增管和光电摄像管等。

由物理学的粒子性可知，光子是一种具有能量的粒子，每个光子具有的能量的表达式为

$$E = hf \qquad (7\text{-}1)$$

式中，h 为普朗克常数，$h = 6.626 \times 10^{-34}$（J/Hz）；$f$ 为光的频率（Hz）。

若物体中的电子吸收射入的光子能量后能够克服逸出功 A_0，则电子就会逸出物体的表面，所以要使一个电子能够逸出，光子的能量 hf 必须大于逸出功 A_0，超出逸出功的能量表现为逸出电子的动能，即

$$E = hf = \frac{1}{2}mv_0^2 + A_0 \qquad (7\text{-}2)$$

式中，m 为电子的质量（kg）；v_0 为电子的逸出初速度（m/s）。

2. 内光电效应

内光电效应是指在光线的作用下使物体的电阻率发生改变的光电效应。常见的基于内光电效应的光电元件有光敏电阻、光敏二极管、光敏三极管和光敏晶闸管等。

3. 光生伏特效应

光生伏特效应是指在光线照射下，半导体材料吸收光能后，引起 PN 结两端产生电

动势的现象。常见的基于光生伏特效应的光电元件有光电池。如图 7-1 所示为 PN 结的光生伏特效应图。

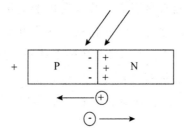

图 7-1　PN 结的光生伏特效应图

7.1.2　光电元件

1. 基于外光电效应的光电元件

（1）光电管

由于不同材料的逸出功不同，所以不同材料的光电阴极对不同频率的入射光有着不同的灵敏度，可以根据检测的对象是可见光还是紫外光而选择光电阴极的材料。光电管可分为真空光电管和充气光电管，两者结构较为相似，其结构示意图如图 7-2 所示。

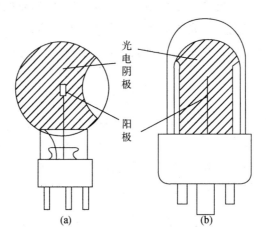

图 7-2　光电管的结构示意图

（a）真空光电管；（b）充气光电管

图 7-2（a）为真空光电管的结构示意图，它是由一个光电阴极和一个光电阳极构成的，且密封在一个真空的玻璃管内，光线通过玻璃泡的透明部分照射到光电阴极上。当光电阴极受到适当波长的光线照射时会发射出电子，光电阳极吸收从光电阴极上发射出的电子，从而在外围电路形成电流。

图 7-2（b）为充气光电管的结构示意图，它的构造和真空光电管基本相同，只是在玻璃管内充有一些惰性气体（如氩气或氖气）。当光电阴极吸收到足够的光照时，便会发射电子，光电子撞击惰性气体使其电离，得到更多的电子，从而使光电流增加。充气光电管与真空光电管相比，充气光电管的灵敏度随电压变化的稳定性及其频率特性等都比真空光电管要差一些。

如图 7-3 所示为光电管的伏安特性曲线。在真空光电管中，对光电阴极所加的电压与光电阳极所产生的电流之间的线性关系较好，同时，光通量越大线性关系也就越好，而充气光电管的线性关系较真空光电管差。

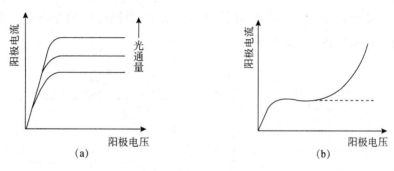

图 7-3 光电管的伏安特性曲线

（a）真空光电管的伏安特性曲线；（b）充气光电管的伏安特性曲线

（2）光电倍增管

如图 7-4 所示为光电倍增管的工作原理图。K 为光电倍增管的光电阴极，A 为光电倍增管的光电阳极，在两者之间又加入 E_1、E_2、E_3…若干个光电倍增极（又称为二次发射极），这些光电倍增极上涂有 Sb-Cs 或 Ag-Mg 等光敏物质。

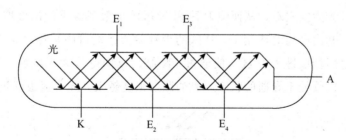

图 7-4 光电倍增管的工作原理图

当电子或者光子以足够大的速度轰击到金属表面上时，会使金属内部的电子再次逸出金属表面，这种再次逸出金属表面的电子称为二次电子。光电倍增管是利用了二次电子的释放效应，将光电流在光电倍增管内进行放大。

光电倍增管的光电转换过程就是当入射光的光子打到光电阴极上时，光电阴极将会发射出电子，该电子又打在电位较高的第一个倍增极上，产生二次电子；该二次电子又打在第二个倍增极上，第二个倍增极同样也会产生二次电子发射，如此这样连续进行下去，直到最后一级的倍增极产生的二次电子被更高电位的光电阳极 A 吸收为止，而在整个过程中，电子的运行形成光电流。由此可知，光电流是逐级增加的，所以光电倍增管具有很高的灵敏度。

2. 基于内光电效应的光电元件 1

（1）光敏二极管

如图 7-5 所示为光敏二极管的结构及基本电路，光敏二极管的结构与普通二极管相同之处是都有一个 PN 结，两根电极引线，并且光敏二极管与普通二极管都是非线性的元件，都具有单向的导电性。两者不同之处在于光敏二极管的 PN 结设置在透明管壳顶部的正下方，可直接接受到光的照射。

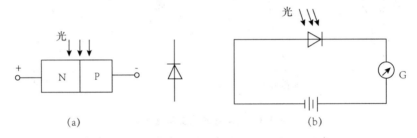

图 7-5　光敏二极管的结构及基本电路

（a）结构示意图及图形符号；（b）基本电路

光敏二极管在没有光照射时，处于反向偏置的状态，这时形成的反向电阻很大，反向电流很小，相当于普通二极管的反向饱和漏电流。

如图 7-6 所示为光敏二极管的工作原理。当光照射在 PN 结上时，PN 结附近将会产生光生电子和光生空穴对，从而使 P 区和 N 区的少数载流子的浓度增加，因此，在外加反向的电压和内电场的作用下，P 区的少数载流子渡过阻挡层进入 N 区，N 区的少数载流子渡过阻挡层进入 P 区，使通过 PN 结的反向电流大大增加，从而形成光电流。这时光敏二极管处于导通的状态，光的照射强度越大，光电流也就越大。

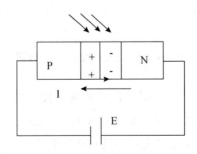

图 7-6　光敏二极管的工作原理

如图 7-7 所示为光敏二极管的光谱特性。当入射光的强度一定时，输出的光电流（或相对灵敏度）将随着入射光波长的变化而变化。从图 7-7 中可以看出，硅光敏二极管的光谱响应波段为 $0.4 \sim 1.5~\mu m$，锗光敏二极管的光谱响应波段为 $0.6 \sim 2.5~\mu m$。一种光敏二极管只对一定波长的入射光敏感，这是选择光敏二极管的重要依据之一。

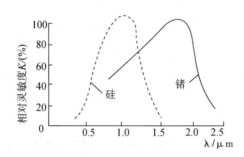

图 7-7　光敏二极管的光谱特性

（2）光敏三极管

光敏三极管比具有相同有效面积的光敏二极管的光电流大几十至几百倍，但是相应的速度比光敏二极管差。如图 7-8 所示为光敏三极管的结构及基本电路。

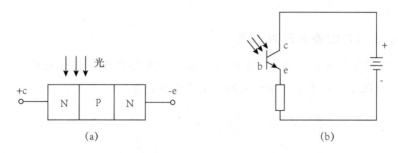

图 7-8　光敏三极管的结构及基本电路

（a）结构示意图；（b）基本电路

光敏三极管的工作原理是当基极开路时，集电极与发射极之间加正电压。当光照射在集电结上时，就会在集电结附近产生电子—空穴对，电子在结电场的作用下，将会由 P 区向 N 区运动，从而形成基极电流，经放大 β 倍后形成集电极电流（光电流），所以光敏三极管具有放大的作用。

7.1.3　光电元件的基本应用电路

光敏电阻、光敏二极管和光敏三极管根据自身的特点，应用在不同的电路，才可以达到不同的效果。

1. 光敏二极管的基本应用电路

光敏二极管在电路的应用中必须使用反向截止状态，否则，光敏二极管的电流就与普通二极管的电流一样不受入射光的影响。如图 7-9 所示为光敏二极管的基本应用电路，该电路是利用反相器将光敏二极管的输出电压转换成 TTL 电平。

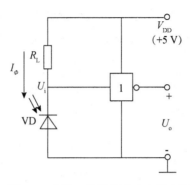

图 7-9　光敏二极管的基本应用电路

当没有光照时，光敏二极管处于截止状态，这时反向电流非常小，电流 I_Φ 在 R_L 上的压降较小，电压 U_i 较大，输入电压 U_i 经过反相器输出的 U_o 将是一个低电平。随着光照强度的增大，光敏二极管的光电流增大，电流 I_Φ 在 R_L 上的压降增大，电压 U_i 减小，输入电压 U_i 经过反相器输出的 U_o 将是一个高电平，即该电路的光照强度和输出电压成正比。

2. 光敏三极管的基本应用电路

光敏三极管在电路中必须使用集电结反偏，发射结正偏，与普通的三极管接法相同。如图 7-10 所示为锗光敏三极管的两种基本应用电路。

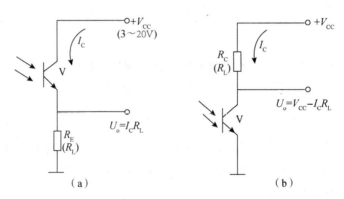

图 7-10　锗光敏三极管的两种基本应用电路
（a）发射极输出电路；（b）集电极输出电路

图 7-10（a）为发射极输出电路。在没有光照时，该电路的光敏三极管处于截止状态，通过三极管的光电流很小，输出电压也很小。随着光照强度增加，光电流增加，输出电压也增加。图 7-10（b）为集电极输出电路。图 7-10（b）与图 7-10（a）相反，它的光照强度与输出电压成反比。锗光敏三极管发射极与集电极输出电路状态的比较，如表

7-1 所示。

表 7-1　锗光敏三极管发射极和集电极输出电路状态的比较

电路形式	无光照时			强光照时		
	三极管状态	I_C	U_o	三极管状态	I_C	U_o
发射极输出电路	截止	0	0（低电平）	饱和	$(V_{CC}-0.3)/R_L$	$I_C R_L$（高电平）
集电极输出电路	截止	0	V_{CC}（高电平）	饱和	$(V_{CC}-0.3)/R_L$	$V_{CC}-I_C R_L$（低电平）

由表 7-1 可知，发射极输出电路的输出电压变化与光照的变化趋势相同，而集电极输出电压恰好相反。

例 7-1　如图 7-17 所示为利用光敏三极管来达到强光照时继电器吸合的电路，请分析该电路的工作过程。

解　当没有光照时，光敏三极管 V_1 截止，电流 $I_B=0$，三极管 V_2 也截止，继电器 KA 处于失电的（释放）状态。当有光照时，光敏三极管 V_1 产生较大的光电流 I_ϕ，一部分光电流 I_ϕ 流过电阻 R_{B2}，另一部分光电流 I_ϕ 流过电阻 R_{B1} 及三极管 V_2 的发射结。当电流 $I_B > I_{BS}$（$I_{BS}=I_{CS}/\beta$）时，同时三极管 V_2 也饱和，将会产生较大的集电极饱和电流 I_{CS}，三极管 $I_{CS}=(V_{CC}-0.3)/R_{KA}$，因此，继电器得电并吸合。

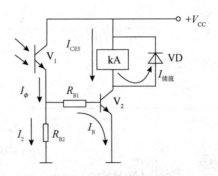

图 7-11　光控继电器电路

项目工单

模块 7	光电传感器的应用		
项目 1	光控报警电路的制作	学时	4

（续表）

模块 7		光电传感器的应用		
组长		小组成员		
小组分工				

一、项目描述

1. 光敏二极管、光敏三级管的认知；

2. 光控报警电路的制作。

二、项目计划

1. 确定本工作任务需要使用的工具和辅助设备，填写下表。

项目名称			
各工作流程	使用的器件、工具	辅助设备	备注

三、项目决策

1. 分小组讨论，分析阐述各自制订的设计制作计划，确定实施方案。

2. 老师指导确定最终方案。

3. 每组选派一位成员阐述方案。

四、项目实施

1. 光控报警电路原理图，如图 7-12 所示。

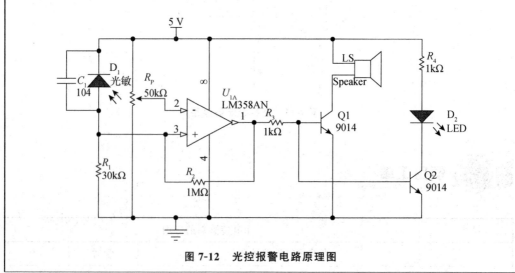

图 7-12 光控报警电路原理图

（续表）

模块 7	光电传感器的应用

2. 电路工作情况

电压：5 V；输出信号由 LED 和蜂鸣器指示。

3. 光控报警电路工作原理

光控报警电路由以光敏二极管 D_1 为核心的光感应电路，以可调电阻 R_P、通用运算放大器 LM358 为核心的取样比较电路，以三极管 9014　Q1、Q2、蜂鸣器 LS、发光二极管 D_2 为核心元件的声音输出、显示电路构成。

通上 5 V 电源，如果此时报警器处于关闭的抽屉内（或用手挡住光），则光敏二极管 D_1 没有接受到光照，光敏二极管 D_1 处于反向截止状态，电阻 R_1 的电压为低电平，并送到 LM358 的 3 脚。LM358 的 2 脚的电压取决于可调电阻 R_P，只要调节可调电阻 R_P 到合适的时候，就能保证 LM358 的 3 脚的电压小于 LM358 的 2 脚的电压，根据比较器的工作原理，当 V＋＜V－ 的时候，LM358 的 1 脚输出低电平，并通过限流电阻 R_3 送到三极管 Q1、Q2 的基极，使三极管 Q1、Q2 截止，蜂鸣器 LS 不发声，发光二极管 D_2 熄灭。

如果抽屉被打开，则光敏二极管 D_1 接受到光照，光敏二极管 D_1 导通，电阻 R_1 的电压为高电平，并送到 LM358 的 3 脚。则 V＋＞V－，LM358 的 1 脚就会输出高电平，致使三极管 Q1、Q2 导通，蜂鸣器 LS 发声，发光二极管 D_2 点亮。

4. 电路制造

（1）元件清点。将领取的元件进行清点，并按种类、型号填写表格 7-2。

表 7-2　元件清单

序号	元件类型	型号/参数	数量	元件编号
1				
2				
3				
4				
5				
6				
...				

填写说明：①元件类型：填写电阻、电容等以说明元件的类别；

②型号/参数：填写元件的型号及主要参数，如电路中的集成运放，此项可填 LM358J；如电阻 R_1，此项可填，22 KΩ；

③元件编号：如 R_1、D_1；

④该表格在任务工单中自行绘制，行数按实际需要自己确定。

（2）电路连接。

①元件在布局时应先放置核心元件，如芯片、三极管等；

（续表）

模块 7	光电传感器的应用

②制作电路时应先了解电路，电路分几部分，各个部分的作用，实际操作时每次只制作电路的某一部分。

（3）电路调试。

五、项目检查

1. 学生填写检查单；

2. 教师填写评价表；

3. 学生提交实训心得。

六、项目评价

1. 小组讨论，自我评述完成情况及发生的问题，小组共同给出提升方案和效率的建议；

2. 小组准备汇报材料，每组选派一人进行汇报；

3. 老师对方案评价说明。

学生自我总结：

指导老师评语：

项目完成人签字：　　　　　　　　　　日期：　　　年　　月　　日

指导老师签字：　　　　　　　　　　　日期：　　　年　　月　　日

小组成员考核表（学生互评）

专业：		班级：		组号：
课程：传感器与检测技术		项目：		组长：

小组成员编号

1：	2：	3：	4：

考核标准

类别	考核项目	成员评分			
		1	2	3	4
学习能力	学习目标明确				
	有探索和创新意识、学习新技术的能力				
	利用各种资源收集并整理信息的能力				
方法能力	掌握所学习的相关知识点				
	能做好课前预习和课后复习				
	能熟练运用各种工具或操作方法				
	能熟练完成项目任务				
社会能力	学习态度积极，遵守课堂纪律				
	能与他人良好沟通，互助协作				
	具有良好的职业素养和习惯				
累计（满分100）					
小组考核成绩（作为个人考核系数）					
总评（满分100）					

注：①本表用于学习小组组长对本组成员进行评分；

②每项评分从 1～10 分，每人总评累计为 100 分；

③每个成员的任务总评＝成员评分×（小组考核成绩/100）。

项目2 声光控电路的制作

 项目目标

知识目标 》》》

- 掌握光电传感器的工作原理、结构；
- 掌握光电传感器应用场合、使用及选用；
- 掌握光电传感器的测量转换电路。

技能目标 》》》

- 具有对不同被测对象、不同工作环境选用不同的光电传感器进行物位、位移等的测量；
- 能够根据测量要求，结合各类光电元件特点，选择合适的型号，并能够熟悉多种应用方法。

素质目标 》》》

- 培养学生合作能力；
- 培养学生获取新知识能力；
- 培养学生公共关系处理能力。

 项目任务

（1）光敏电阻、光电池的认知；
（2）声光控电路的制作。

 项目安排

步骤	教学内容及能力 /知识目标	教师活动	学生活动	时间 /分钟
1. 案例导入	（1）宾馆门口的光电自动门； （2）楼道灯光控制	教师通过多媒体演示案例	学生边听讲边思考	10
		引导学生观察，思考并回答	讨论如何实现功能	
2. 分析任务	剖析任务，介绍相关的传感器	教师通过多媒体讲解	学生边听讲边思考	50
		1. 介绍声光控电路的种类、工作原理以及用途； 2. 例举多种方案，并对方案给予比较	学生讨论确定方案	
3. 任务实施	确定电路；选择所用器件；制作并调试；填写任务报告书	引导学生确定电路	学生讨论电路	110
		引导学生选择器件	学生根据控制要求选择合适的光电传感器及其他元件	
		分组指导并答疑	绘制电路原理图	
		分组指导并答疑	设计印制电路板并制作	
		分组指导并答疑	焊接、调试	
		分组指导并答疑	如实填写任务报告书，分析设计过程中的经验，编写设计总结	
4. 任务检查与评估	对本次任务进行检查	结合学生完成的情况进行点评	学生展示优秀设计方案和作品，最终确定考核成绩	30

 项目资讯

项目简介 》》》

　　声光控开关电路原理是通过适当声音强度以及光线强度（光线较暗或夜间）来控

制灯光在一定时间内的点亮（大约 1 分钟）和熄灭的控制电路（或装置），以方便自动照明，通常用于楼梯等公共场所。

声光控开关电路主要由整流稳压电路、话筒放大电路、音频放大电路、检波电路、光敏控制电路、可控硅开关 PCR406 几大部分构成。其中，整流稳压电路主要为电路中其他部分电路的正常运行提供工作电源；话筒放大电路主要用于对声音进行识别，可通过调节该电路中的电容与电阻值的大小来控制声控的灵敏度；音频放大电路主要用于放大话筒放大电路识别出的音频，以满足检波需要；检波电路主要用于将交流的音频信号转换为直流信号；光敏控制电路主要通过光敏电阻来控制信号的传输，以达到光控的效果；可控硅开关 PCR406 是整个电路的重要组成部分，主要起到开关的作用，控制灯泡的亮和灭。

知识储备 》》》

7.2.1 光电元件

1. 基于内光电效应的光电元件——光敏电阻

光敏电阻（也可称为光导管）是用半导体材料制成的光电元件，它没有极性，就是一个纯粹的电阻元件，所以使用时既可以加直流电压，又可以加交流电压。

光敏电阻的主要参数有暗电阻和暗电流、亮电阻和亮电流、光电流和响应时间等。

（1）暗电阻和暗电流。室温条件下，光敏电阻在无光照时，经过一段时间所测量的稳定电阻值称为暗电阻。此时流过暗电阻的电流称为暗电流。由于温度对光敏电阻的影响较大，温度升高，暗电阻减小，暗电流增加，灵敏度下降，因而这是光敏电阻的一大缺点。

（2）亮电阻和亮电流。室温条件下，光敏电阻在某一光照下所测量的稳定电阻值称为亮电阻。此时流过亮电阻的电流称为亮电流。

（3）光电流。亮电流与暗电流之差称为光电流。

（4）响应时间。光敏电阻具有延时特性，上升响应的时间和下降响应的时间均为 $10^{-2} \sim 10^{-3}$ s，可见光敏电阻不能用在要求快速响应的场合。

如图 7-13 所示为光敏电阻的工作原理。当光敏电阻没有受到光照时，它的暗电阻很大，暗电流很小；当光敏电阻受到一定波长范围内的光照时，它的亮电阻会急剧减小，亮电流将迅速增大。

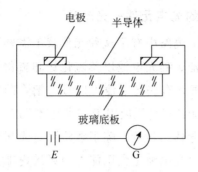

图 7-13　光敏电阻的工作原理

图 7-13 中，为了防止其他周围介质的影响，在光敏电阻的玻璃底板上覆盖了一层漆膜，漆膜的主要成分使它在光敏电阻最敏感的波长的范围内透射率最大。如图 7-14 所示为光敏电阻的内部结构。

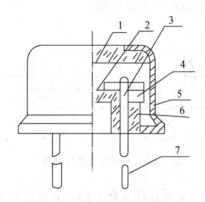

图 7-14　光敏电阻的内部结构

1—玻璃；2—光电导层；3—电极；4—绝缘衬底；5—金属壳；6—黑色绝缘玻璃；7—引线

光敏电阻的灵敏度易受潮湿的影响，所以要将光电导体密封在带有玻璃的壳体中。由于半导体吸收光子而产生光电效应只限于光照的表面层，所以光敏电阻的电极一般采用梳状，这样可以提高光敏电阻的灵敏度。如图 7-15 所示为梳状光敏电阻。

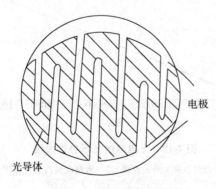

图 7-15　梳状光敏电阻

2. 基于光生伏特效应的光电元件—光电池

光电池实质上就是电源，电路中有了这种元件就不需要再外加电源。光电池的种类非常多，常用的有硒光电池、硅光电池以及硫化铊和硫化银光电池等。光电池主要用于仪表、自动化遥控等方面。有些光电池可以直接把太阳能转换为电能，因此，它又称为太阳能电池。其作为能源可广泛应用于人造卫星、灯塔和无人气象站等处。

光电池是一种特殊的半导体二极管，除了能将可见光转化成直流电外，还可将红外光或紫外光转化成直流电。光电池是太阳能电力系统内部的一个组成部分，太阳能的电力系统在电力能源中已占有越来越重要的地位。

如图 7-16 为光电池的工作原理，光电池由一个大面积的 PN 结构成。当光照射到 PN 结上时，会在 PN 结的两端产生光生电动势（P 区为正，N 区为负）。如果将 PN 结两端用导线连接起来，就会有电流流过，电流的方向由 P 区流向外电路至 N 区。如果将电路断开，就可以测出光电池的光生电动势。

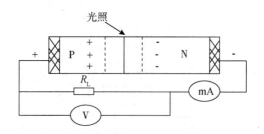

图 7-16 光电池的工作原理

如图 7-17 所示为光电池的光照特性曲线。图中开路电压与光照强度的关系是非线性的，近似为对数关系，在大于 2000 勒克斯照度时趋近饱和状态。在很大范围内，短路电流与光照强度成线性关系。

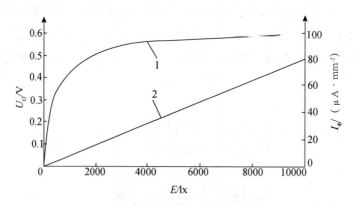

图 7-17 光电池的光照特性曲线

1—开路电压与光照强度关系的曲线；2—短路电流与光照强度关系的曲线

7.1.2　光电元件的基本应用电路

光敏电阻、光敏二极管和光敏三极管根据自身的特点，应用在不同的电路，才可以达到不同的效果。

如图 7-18（a）所示为 U_o 与光照变化趋势相同的电路，其中，光敏电阻与一固定电阻的负载相串联。当没有光照时，光敏电阻的阻值 R_Φ 很大，则电流 I_Φ 在 R_L 上的压降 U_o 较小。随着光照强度的增大，光敏电阻的阻值 R_Φ 减小，则电流 I_Φ 在 R_L 上的压降 U_o 增大。

如图 7-18（b）所示为 U_o 与光照变化趋势相反的电路，其中，光敏电阻与一固定电阻的负载相串联。当没有光照时，光敏电阻的阻值 R_Φ 很大，则电流 I_Φ 在 R_Φ 上的压降 U_o 较大。随着光照强度的增大，光敏电阻的阻值 R_Φ 减小，则电流 I_Φ 在 R_Φ 上的压降 U_o 减小。

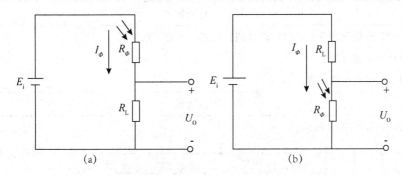

图 7-18　光敏电阻的基本应用电路

（a）U_o 与光照变化趋势相同的电路；（b）U_o 与光照变化趋势相反的电路

 项目工单

模块 7	光电传感器的应用		
项目 2	声光控电路的制作	学时	4
组长		小组成员	
小组分工			
一、项目描述			
1. 光敏电阻、光电池的认知；			
2. 声光控电路的制作。			

（续表）

模块 7	光电传感器的应用

二、项目计划

1. 确定本工作任务需要使用的工具和辅助设备，填写下表。

项目名称			
各工作流程	使用的器件、工具	辅助设备	备注

三、项目决策

1. 分小组讨论，分析阐述各自制订的设计制作计划，确定实施方案。

2. 老师指导确定最终方案。

3. 每组选派一位成员阐述方案。

四、项目实施

1. 电路原理图，如图 7-19 所示。

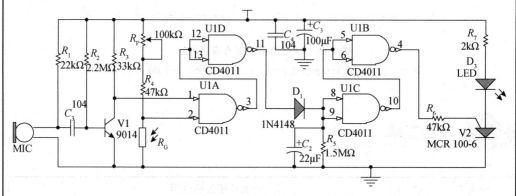

图 7-19　声光控灯电路原理图

2. 工作原理

（1）光控电路。这主要由 R_4、R_G 组成。光敏电阻 R_G 的阻值随着光照强度的变化而变化，当光照达到一定强度时，其阻值变小到与 R_5 分压后使 IC（a）的 2 脚处于逻辑低电平，2 脚所在的与非门被封死，这时不管有无声音信号输入，IC（b）的 4 脚都是低电平，晶闸管正向阻断。随着光照强度的减弱，R_G 阻值逐渐增大，2 脚电位逐渐上升，当 2 脚电位上升到逻辑高电平后，即满足了开门条件，此时声控开始起作用。3 脚是否反转只取决于 IC（a）的 1 脚电位（声控电路的输入端）是否达到了逻辑高电平。

（续表）

模块 7	光电传感器的应用

（2）声控电路。由麦克风 MIC、三极管 V1、电容 C_1 及电阻 $R_1 \sim R_3$ 等组成，其中 MIC 为声检测元件。当环境声音信号很弱时，三极管 V1 处于饱和状态，IC1 脚为低电平，4 脚亦为低电平，晶闸管 V2 阻断。当环境声音信号达到一定强度时，通过 MIC 拾音输出经 C_1 耦合到 V1 的基极，使集电极亦即 IC1 脚电位随着声强而高低变化，当 1 脚处于高电平时，由于 2 脚早已处于高电平而满足了与非门反转条件，3 脚跳变为低电平。

（3）声光控延时开关电路工作原理。开关电路中声音检测采用驻极体话筒 MIC，三极管 V1 组成放大器。无声响静态时 V1 是处于饱和导通状态，当有声响时，话筒 MIC 接收声响信号，可使 V1 截止。亮度检测由光敏电阻 R_G 完成。电路使用的 CMOS 数字集成电路 CD4011，内含有四个 2 输入端与非门。CD4011 中除其中一个直接用为 2 输入端与非门作为判别电路外，其余三个均接成反相器作放大器用。D_1、R_5、C_2 组成延时电路。开关采用可控硅 V2，当 V2 导通时，LED 发亮；V2 截止时，灯泡熄灭。

白天时，光敏电阻 R_G 受光照呈低阻态，CD4011 的 2 脚始终为低电平。这时不管 CD4011 的 1 脚为高电平（有响声使 V1 截止）还是低电平（无声响 V1 饱和导通），与非门输出 3 脚始终为高电平。经三次反相后，4 脚输出为低电平，可控硅 V2 截止，灯泡不亮。可见由于光敏电阻 R_G 受光照作用，白天灯泡一直不会亮。

3. 器件

（1）可控硅的符号、特性。可控硅也称作晶闸管，有三个电极，阳极 A，阴极 K 和控制极 G，如图 7-20 所示。

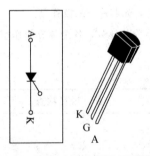

图 7-20　可控硅的电气符号及引脚

（2）驻极体话筒。驻极体的引脚用剪下的管脚焊接上，注意驻极体话筒的引脚有正负极性，驻极体和外壳连接的引脚为负极，如图 7-21 所示。

图 7-21　驻极体话筒引脚

（续表）

模块 7	光电传感器的应用

4. 电路制造

（1）元件清点。将领取的元件进行清点，并按种类、型号填写表格 7-3。

表 7-3　元件清单

序号	元件类型	型号/参数	数量	元件编号
1				
2				
3				
4				
5				
6				
...				

填写说明：①元件类型：填写电阻、电容等以说明元件的类别；

②型号/参数：填写元件的型号及主要参数，如电路中的集成运放，此项可填，LM358J；如电阻 R_1，此项可填，$22\ \mathrm{k\Omega}$；

③元件编号：如 R_1，D_1；

④该表格在任务工单中自行绘制，行数按实际需要自己确定。

（2）电路连接。

①元件在布局时应先放置核心元件，如芯片、三极管等。

②制作电路时应先了解电路，电路分几部分，各个部分的作用，实际操作时每次只制作电路的某一部分；

（3）电路调试。

五、项目检查

1. 学生填写检查单；

2. 教师填写评价表；

3. 学生提交实训心得。

六、项目评价

1. 小组讨论，自我评述完成情况及发生的问题，小组共同给出提升方案和效率的建议；

2. 小组准备汇报材料，每组选派一人进行汇报；

3. 老师对方案评价说明。

学生自我总结：

指导老师评语：

（续表）

模块 7	光电传感器的应用
项目完成人签字：　　　　　　　日期：　　　年　　月　　日	
指导老师签字：　　　　　　　　日期：　　　年　　月　　日	

小组成员考核表（学生互评）

专业：	班级：	组号：
课程：传感器与检测技术	项目：	组长：

小组成员编号

1：	2：	3：	4：

考核标准

类别	考核项目	成员评分			
		1	2	3	4
学习能力	学习目标明确				
	有探索和创新意识、学习新技术的能力				
	利用各种资源收集并整理信息的能力				
方法能力	掌握所学习的相关知识点				
	能做好课前预习和课后复习				
	能熟练运用各种工具或操作方法				
	能熟练完成项目任务				
社会能力	学习态度积极，遵守课堂纪律				
	能与他人良好沟通，互助协作				
	具有良好的职业素养和习惯				
累计（满分 100）					
小组考核成绩（作为个人考核系数）					
总评（满分 100）					

注：①本表用于学习小组组长对本组成员进行评分；

②每项评分从 1～10 分，每人总评累计为 100 分；

③每个成员的任务总评＝成员评分×（小组考核成绩/100）。

参考文献

[1] 徐军，冯辉. 传感器技术基础与应用实训［M］. 2版. 北京：电子工业出版社，2015.

[2] 梁森，黄杭美，王明霄，等. 传感器与检测技术项目教程［M］. 北京：机械工业出版社，2015.

[3] 何道清，张禾，谌海云. 传感器与传感器技术［M］. 3版. 北京：科学出版社，2015.

[4] 宋国翠，崔晓. 传感器选型与应用［M］. 北京：电子工业出版社，2015.

[5] 胡向东. 传感器与检测技术［M］. 3版. 北京：机械工业出版社，2018.

[6] 彭杰纲. 传感器原理及应用［M］. 2版. 北京：电子工业出版社，2017.

[7] 松井邦彦. 传感器应用技巧141例［M］. 梁瑞林，译. 北京：科学出版社，2018.

[8] 郁有文，常健，程继红. 传感器原理及工程应用［M］. 4版. 西安：西安电子科技大学出版社，2018.

[9] 宁爱民，张存吉. 传感器与测控技术［M］. 北京：中国水利水电出版社，2014.

[10] 宋雪臣，单振清，郭永欣. 传感器与检测技术［M］. 北京：人民邮电出版社，2011.

[11] 程军. 传感器及实用检测技术［M］. 3版. 西安：西安电子科技大学出版社，2017.

[12] 程月平. 传感器与自动检测技术［M］. 西安：西安电子科技大学出版社，2016.

[13] 李骁，汪涛. 传感器与自动检测技术及实训［M］. 北京：中国电力出版社，2016.

[14] 吴卫荣. 传感器与PLC技术［M］. 北京：中国轻工业出版社，2017.

[15] 贾海瀛. 传感器技术与应用［M］. 北京：高等教育出版社，2015.

[16] 董春利. 传感器与检测技术实训教程［M］. 北京：机械工业出版社，2016.